爽口下酒菜

夏　璞　编著

团结出版社

图书在版编目（ＣＩＰ）数据

爽口下酒菜 / 夏璞编著 . -- 北京：团结出版社，
2014.10（2021.1 重印）

　　ISBN 978-7-5126-2317-0

　　Ⅰ . ①爽… Ⅱ . ①夏… Ⅲ . ①菜谱 Ⅳ .
① TS972.12

中国版本图书馆 CIP 数据核字 (2013) 第 302500 号

出　　版：	团结出版社
	（北京市东城区东皇城根南街 84 号　邮编：100006）
电　　话：	（010）65228880　65244790（出版社）
	（010）65238766　85113874 65133603（发行部）
	（010）65133603（邮购）
网　　址：	http://www.tjpress.com
E-mail：	65244790@163.com（出版社）
	fx65133603@163.com（发行部邮购）
经　　销：	全国新华书店
排　　版：	腾飞文化
图片提供：	邝吉和　黄　勇
印　　刷：	三河市天润建兴印务有限公司

开　　本：	700×1000 毫米　1 /16
印　　张：	11
印　　数：	5000
字　　数：	90 千字
版　　次：	2014 年 10 月第 1 版
印　　次：	2021 年 1 月第 4 次印刷

书　　号：	978-7-5126-2317-0
定　　价：	45.00 元

前言

随着时代的发展，人们的生活水平不断提高，对饮食的要求也随之增高。现在越来越多的人热衷于遍尝各地美食，虽然这也能满足人们对美食的要求，但从健康、营养的角度来看，这既不是长久之计，也不是最佳选择。生活节奏的加快，使我们终日忙碌，和朋友相聚相当不易，虽然外面餐馆的菜品花样万千，但我们既吃不到经济实惠，又吃不到安全放心。如果我们在家就能做一桌美味佳肴，与朋友小酌浅饮或把酒言欢岂不是甚好。基于此，我们在结合前人饮食经验的基础上，从让人们吃出健康、吃出营养的基本点出发，编排了这本书。

本书从健康和家常着手，面向普通家庭，其选用原料方便购买，烹制工艺简单，不管你是烹饪高手，还是初入厨房，都能按步骤操作，快速掌握菜肴制作工艺和各项精要，烹饪出味美色鲜的极品佳肴。本书用字简洁精准，图片精美，为您解除饮食相关的疑惑，让我们在烹饪中学习、进步，体验烹饪给我们带来的乐趣。

在二十一世纪，吃饭早已不是为了充饥果腹，而是生活品位的一种体现，一种生活文化的传承。现在我们讲究的也不是酒店的奢华、菜品的档次，而是能不能和朋友吃一顿舒心的饭，喝几杯顺心的酒。本书精选众多营养菜例，

爽口下酒菜

前言

当有朋友到访时，不去饭店就能做出一桌下酒佳肴。酒好买，菜好买，唯独下酒菜的手艺不好买，这可不是花钱买就能买到的。无论你是"泡面族"，还是"外卖族"，改变自己的饮食就从这里开始吧。

本书内容丰富而不杂乱，菜品操作步骤紧凑，通俗易懂，简单易学，每道菜都配有精美插图。虽然编者力臻完美，但仍难免存在不足之处，还望谅解！

素 菜类

目录

Contents

禽 肉类

Contents

畜 肉类

目录

Contents

 水 产类

 目录

 Contents

目录

Contents

爽口下酒菜

★ ★ ★ ★ ★

素菜类

★ ★ ★ ★ ★

腌茄子

观如享受：★★★
风味享受：★★★★
操作难度：★★

TIME 1.5小时

菜品特点
醇甜清爽
绵软适口

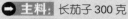

➡ **主料：** 长茄子300克

👉 **配料：** 青椒、红椒、香菜各30克，白醋30克，蒜末20克，白糖10克，食盐3克，鸡精、香油各少许

🔁 操作步骤

①茄子洗净，顺着茄子划成条，保持蒂部相连，抹上少许食盐腌渍15分钟。

②蒸锅烧开水，放入茄子蒸15分钟，取出晾凉，控干水分。

③香菜去叶留梗，洗净，青、红椒去蒂、籽，洗净，分别切成小粒，一起放入小碗中，加入剩余配料拌匀。

④用白醋、蒜末、白糖、鸡精、香油调成料汁，淋在茄子上，拌匀，腌渍1小时后即可食用。

🔹 操作要领

茄子的蒂最好不要去除，这样营养更加全面。

👉 营养贴士

茄子皮富含多种维生素，能够保护血管，常食茄子，可使血液中的胆固醇含量不致增高。

视觉享受：★★★★ 味觉享受：★★★★ 操作难度：★★

拔丝苹果

TIME 20分钟

菜品特点
外酥里嫩
香甜可口

- **主料**：苹果 2 个
- **配料**：鸡蛋 2 个，植物油、干淀粉、白糖各适量

操作步骤

①苹果去皮、籽，洗净后切成块状。

②鸡蛋打散加干淀粉和适量水搅拌成糊状，放入苹果，使苹果裹满蛋糊。

③炒锅中放油，烧至八成热时将挂好糊的苹果下锅炸至金黄色，捞出控油。

④锅留底油，加白糖不断搅拌，至糖熔化呈黏稠状时将苹果下锅拌匀，使苹果周身裹满糖液时快速盛出即可。

操作要领

熬糖液时不仅要开小火，还要不停地搅拌，否则很容易粘锅。

营养贴士

此菜不仅能保持血糖的稳定，还能有效地降低胆固醇。

- **主料**：菠菜 300 克
- **配料**：酸笋 30 克，香菇酱 25 克，辣椒油 8 克，蒜末 5 克，食盐、植物油少许

操作步骤

①菠菜去根、老叶，洗净；酸笋用清水投洗 1 遍，切成小丁。

②锅内烧开水放入适量的食盐和几滴植物油，再放入菠菜焯熟，捞出放入冷水中泡一会儿，再控干水分，摆入盘中。

③炒锅上火，加植物油烧热，下入蒜末、香菇酱、酸笋丁、辣椒油炒出香味，加少许清水煮制，待汤汁浓稠浇到菠菜上即可。

操作要领

香菇酱本身已有咸味，应当少放盐。

营养贴士

食用菠菜具有通血脉、开胸膈、下气调中、止渴润燥的功效。

视觉享受：★★★★ 味觉享受：★★★ 操作难度：★

香菇酱菠菜

TIME 10分钟

菜品特点
酸辣爽口

TIME 25分钟

菜品特点
色彩亮丽
清爽开胃

辣椒油拌双花

观赏享受：★★★★
味觉享受：★★★
操作难度：★

主料： 西蓝花、花菜各200克
配料： 辣椒油15克，生抽5克，食盐、鸡精各3克，蒜茸、葱花、醋各适量

操作步骤

①西蓝花、花菜洗净，掰成小朵，放入淡盐水中浸泡15分钟捞出。
②锅中水烧开，分别下入西蓝花、花菜焯熟，捞出投凉，沥水。
③小碗中加入所有配料调匀，浇到装有西蓝花、花菜的大碗中，拌匀，摆好盘即可。

操作要领

西蓝花、花菜放入淡盐水中浸泡，可起到杀菌的作用。

营养贴士

西蓝花中，钙、磷、铁、钾、锌、锰等含量很丰富，比同属于十字花科的花菜高出很多。

视觉享受：★★★　味觉享受：★★★　操作难度：★

豆芽炒腐皮

TIME 10分钟

菜品特点
酸爽可口
营养全面

主料： 绿豆芽 200 克，豆腐皮 100 克，韭菜 30 克

配料： 白醋 15 克，生抽 10 克，姜丝、蒜末各 10 克，食盐 3 克，植物油、鸡精、胡椒粉各适量

操作步骤

①绿豆芽掐去根，洗净；豆腐皮切成丝；韭菜择好洗净，切成段。

②炒锅加热，倒入植物油，下姜丝、蒜末煸出香味，放入豆腐皮、豆芽翻炒至豆芽软熟。

③下韭菜，调入食盐、白醋、生抽翻炒均匀，出锅前撒入鸡精、胡椒粉炒匀即可。

操作要领

韭菜主要起到提味的作用，也可选用香芹等具芳香气味的食材。

营养贴士

绿豆在发芽的过程中，维生素 C 增加很多，可达绿豆原含量的 7 倍。

主料： 绿豆粉皮 500 克

配料： 青、红辣椒各 20 克，辣椒油 15 克，生抽 10 克，蒜茸 5 克，白糖 5 克，麻油、香醋各适量，花椒粉、食盐、鸡精各少许

操作步骤

①绿豆粉皮用清水投洗 1 遍，沥干水分，切成条；青、红辣椒洗净，切碎粒。

②剩余配料放入小碗中调匀。

③粉皮放入小碗中，淋入调味汁，撒上青、红辣椒碎粒，拌匀即可。

操作要领

为了让营养更加全面，可加入自己喜欢的应时蔬菜。

营养贴士

绿豆粉皮用绿豆淀粉制成，具有清热解毒、调和五脏、安养精神、润泽肌肤的功效；但其性稍带寒凉，脾泄者应少量食用。

视觉享受：★★★　味觉享受：★★★　操作难度：★

麻辣粉皮

TIME 10分钟

菜品特点
麻辣鲜香
消暑解热

TIME 15分钟

菜品特点
色鲜味美
清淡素雅

凉拌素什锦

视觉享受：★★★★
味觉享受：★★★★
操作难度：★★

● **主料：** 竹笋 80 克，木耳、胡萝卜、莴笋各 50 克，黄瓜、腐竹、金针菇各 30 克
● **配料：** 白醋 15 克，辣椒油、生抽各 10 克，白糖 5 克，胡麻油 5 克，食盐、鸡精各 3 克，香油少许

操作步骤

①泡发的木耳、胡萝卜、竹笋、莴笋分别处理好，洗净切细丝；金针菇去老根，洗净切段；黄瓜洗净，切丝；腐竹用清水泡软，洗净切丝。

②木耳、胡萝卜、竹笋、莴笋、金针菇、腐竹分别放入沸水中，焯水至断生，捞出投凉，沥干水分。

③所有主料放入盘中，淋入所有配料调成的汁，拌匀即可。

操作要领

本菜主料可根据当季时蔬自行选择。

营养贴士

此菜含 10 余种氨基酸、维生素以及钙、磷等微量元素。

视觉享受 ★★★ 味觉享受 ★★★★ 操作难度 ★★

剁椒腐竹

TIME 10分钟

菜品特点
油光透亮
香辣爽口

➡ **主料:** 腐竹 200 克, 小油菜 100 克, 胡萝卜 50 克

👉 **配料:** 剁椒 25 克, 生抽 15 克, 葱花 10 克, 香辣酱 10 克, 食盐 3 克, 植物油适量

🥢 操作步骤

①腐竹用清水泡软, 斜刀切成段; 小油菜洗净, 切段; 胡萝卜洗净, 切片。

②锅里放植物油烧热, 炒香剁椒、葱花、香辣酱, 放入小油菜、胡萝卜、腐竹翻炒片刻, 再放入食盐、生抽调味, 继续翻炒片刻即可出锅。

🔥 操作要领

腐竹不可用沸水泡, 以免质地变得松散。

👉 营养贴士

腐竹中谷氨酸含量很高, 而谷氨酸在大脑活动中起着重要作用, 因此, 食用腐竹具有一定的健脑作用。

➡ **主料:** 鲜莲藕300 克

👉 **配料:** 植物油 15 克, 食盐 5 克, 鸡精 3 克, 干辣椒段、白糖、白醋、花椒油各适量

🥢 操作步骤

①莲藕去皮洗净, 切成薄片。

②锅中烧开水, 加入适量食盐, 放入藕片焯水至断生, 捞出过凉水, 沥干水分。

③将藕片放入一个大碗中, 加入食盐、鸡精、白糖、白醋、花椒油, 拌匀。

④炒锅中放少许植物油, 中小火加入干辣椒段炸香, 连油浇到藕片上, 调匀, 摆盘即可。

🔥 操作要领

藕片切得薄一点儿更容易入味。

👉 营养贴士

藕富含大量淀粉、蛋白质、维生素及各种矿物质, 其肉质肥嫩, 口感脆甜, 男女老幼都非常适合食用。

视觉享受 ★★★ 味觉享受 ★★★ 操作难度 ★

红油拌藕片

TIME 10分钟

菜品特点
酸辣可口
清凉解暑

田园小炒

TIME 15分钟

视觉享受：★★★★
味觉享受：★★★★
操作难度：★★

菜品特点
色泽美观
清新爽口

▶ **主料**：莲藕、木耳、甜豆角、胡萝卜各50克
▶ **配料**：蒜末10克，枸杞5克，食盐3克，植物油适量，鸡精少许

操作步骤

①莲藕、胡萝卜去皮洗净，切片；木耳泡发洗净，撕成小朵；甜豆角洗净，切段。
②将上述主料依次放入沸水中焯至五成熟捞出。
③锅中置油烧热，下蒜末爆香，放入所有主料转大火翻炒1分钟，加食盐、枸杞翻炒至熟，撒上鸡精即可出锅。

操作要领

制作过程中，不要加过多的调料，以免影响菜品的清新味道。

营养贴士

此菜营养全面，膳食搭配合理，有良好的保健作用。

视觉享受：★★★ 味觉享受：★★★ 操作难度：★

芹菜拌土豆丝

TIME 10分钟

菜品特点

清香爽口

- **主料：** 土豆 250 克，芹菜 150 克
- **配料：** 白醋 15 克，生抽 8 克，花椒粒 5 克，食盐 3 克，植物油适量，鸡精、香油各少许

操作步骤

①土豆去皮洗净，切丝，浸泡在清水中；芹菜去老梗、叶子，洗净切丝。

②锅中烧开水，分别下入土豆丝、芹菜丝焯 1 分钟，捞出过凉水，沥干水分。

③土豆、芹菜丝放入碗中，加入白醋、生抽、食盐、鸡精、香油拌匀。

④炒锅置火上，加入植物油烧热，中小火煸香花椒粒，连油浇到土豆丝上，拌匀即可。

操作要领

土豆丝不可焯水时间过长，否则将失去清脆口感。

营养贴士

芹菜是高纤维食物，具有抗癌、防癌的功效。

- **主料：** 冬笋 200 克，雪菜 100 克
- **配料：** 料酒 15 克，葱花、姜末各 8 克，白糖 5 克，食盐 3 克，植物油适量，鸡精、香油各少许

操作步骤

①冬笋去皮洗净，切滚刀块，入水中浸泡 10 分钟；雪菜洗净，切成末。

②锅中烧开水，下入冬笋焯透，捞出控水。

③锅中加植物油烧热，将葱花、姜末爆出香味，下入冬笋块、雪菜翻炒均匀，烹入料酒，加入食盐、鸡精、白糖和少许水，翻炒 1 分钟，大火收干汤汁，淋入香油即可。

操作要领

要选优质的雪菜和冬笋；注意把握好火候，使之脆嫩。

营养贴士

冬笋具有益气和胃、治消渴、利水道等功效。

视觉享受：★★★ 味觉享受：★★★ 操作难度：★

雪菜炒冬笋

TIME 20分钟

菜品特点

清爽可口
鲜香脆嫩

爽口下酒菜

柿子草菇

视觉享受：★★★★
味觉享受：★★★★
操作难度：★★

TIME 15分钟

菜品特点
酸甜可口
鲜美爽脆

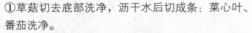

主料： 番茄3个，菜心叶子3张，草菇100克

配料： 料酒8克，酱油5克，食盐3克，植物油适量，鸡精少许

操作步骤

①草菇切去底部洗净，沥干水后切成条；菜心叶、番茄洗净。

②锅中烧开水，放入西红柿烫2分钟，取出剥去外皮，切去蒂部，用汤匙挖出内瓤。

③另煮沸水，加入少许食盐，将菜心叶放入水中焯一下，捞起摆在盘底。

④炒锅放植物油烧热，倒入草菇煸炒一下，加料酒、酱油、鸡精、食盐炒2分钟，盛出。

⑤用筷子将草菇条装入西红柿内，摆在盘中的菜心叶上即可。

操作要领

西红柿先在底部划一个十字口，放进沸水中焯2分钟后，就容易去皮了。

营养贴士

草菇的维生素C含量高，能促进人体新陈代谢，提高机体免疫力。

麻花炒西芹

视觉享受：★★★★　味觉享受：★★★　操作难度：★★

TIME 10分钟

菜品特点
鲜香味美
清爽可口

> **主料：** 西芹 200 克，小麻花 100 克
>
> **配料：** 青椒、胡萝卜各 30 克，白醋 10 克，食盐 3 克，姜丝 5 克，植物油适量，鸡精少许

操作步骤

①西芹去老梗、叶子，洗净切段；青椒洗净切丝；胡萝卜洗净切片；小麻花掰成小块。

②锅中烧开水，下入西芹焯水至断生，捞出。

③炒锅放植物油烧热，炒香姜丝，下麻花、青椒丝、胡萝卜片、西芹翻炒均匀，调入白醋、食盐、鸡精，炒匀即可出锅。

操作要领

此菜炒制时间不能太长，且不能加水，以免麻花回软。

营养贴士

西芹含有芹菜油，具有降血压、镇静、健胃、利尿等疗效，是一种保健蔬菜。

> **主料：** 小青菜 200 克，罗汉笋 50 克，杏仁 30 克
>
> **配料：** 姜 15 克，蒜 1 瓣，白醋 10 克，白糖 8 克，食盐 3 克，植物油、鸡精、香油各少许

操作步骤

①小青菜洗净，切小段；罗汉笋洗净，斜切段；姜切丝；蒜瓣切末。

②锅里加 300 克水煮沸，倒入少许植物油，再加入罗汉笋、小青菜、杏仁，煮至主料熟透。

③加入姜丝、蒜末、白糖、白醋、鸡精、香油、食盐，调匀即可关火。

操作要领

也可根据个人口味，在菜中调入少许低度白酒。

营养贴士

小青菜低热量、高营养，有降低胆固醇、清燥润肺等功效。

杏仁竹笋煮青菜

视觉享受：★★★　味觉享受：★★★　操作难度：★

TIME 20分钟

菜品特点
鲜嫩滑爽
风味独特

椒盐拌花生米

视觉享受：★★★
味觉享受：★★★★
操作难度：★★

菜品特点
酥脆可口
操作简单

➲ **主料：** 花生米 300 克
➲ **配料：** 植物油、椒盐、白芝麻各适量

操作步骤

①花生米洗净，沥干水分。

②锅烧热，放入洗过的花生米，用小火将花生米残余的水汽烘干。

③向锅内注入少量植物油，以小火不停翻动，待听到花生发出咯咯作响的声音时，再翻炒半分钟，关火盛出。

④在花生米中撒入椒盐、白芝麻拌匀，晾凉即可食用。

操作要领

听到花生发出咯咯作响的声音时，证明已经有九成熟，只需再翻炒一会儿即可。此外，油炸花生米一定要晾凉再吃，否则将没有酥脆的口感。

🖝 营养贴士

花生滋养补益，有助于延年益寿，所以民间又称之为"长生果"。

视觉享受：★★★　味觉享受：★★★★　操作难度：★★

味噌卷心菜

TIME 10分钟

菜品特点
脆嫩适中
风味独特

主料： 卷心菜 300 克

配料： 清汤 150 克，红椒 20 克，味噌酱 15 克，生姜 10 克，植物油适量，蘑菇精少许

操作步骤

①卷心菜洗净，手撕成片；红椒洗净，切圈；生姜切末。

②锅中烧开水，放入卷心菜余 30 秒，捞出沥干水分。

③锅中放植物油烧热，将红椒、姜末煸香，然后放入味噌酱、清汤烧开，加入卷心菜煮 1 分钟，再加蘑菇精调匀即可出锅。

操作要领

卷心菜用手撕，更能保持其营养及味道。

营养贴士

卷心菜可以作为抗生素使用，具有抗菌消炎的作用。卷心菜还可增加食欲并防治坏血病。

主料： 土豆 300 克，剁椒 50 克

配料： 香葱 20 克，食盐 3 克，香油 15 克，鸡精少许

操作步骤

①土豆去皮洗净，切成滚刀块；香葱只取叶子，切成小圈。

②土豆摆放在碗里，上面撒剁椒、鸡精和食盐拌匀。

③蒸锅烧开水，放入土豆蒸 20 分钟，至土豆软烂即可关火取出。

④土豆上撒些葱花，香油放入锅中烧热后，淋在葱花和剁椒上，激出香味即可食用。

操作要领

生土豆容易氧化变色，蒸之前可放入清水中浸泡一会儿。

营养贴士

土豆被称作"地下苹果"，营养成分齐全，而且易为人体消化吸收，在欧美享有"第二面包"的称号。

视觉享受：★★★★　味觉享受：★★★★　操作难度：★★

剁椒蒸土豆

TIME 25分钟

菜品特点
土豆粉糯
香辣美味

川式 **生菜沙拉**

视觉享受：★★★★
味觉享受：★★★
操作难度：★

TIME 5分钟

菜品特点
香辣味美
脆嫩可口

➡ **主料**：生菜、黄瓜、樱桃萝卜、樱桃番茄、紫皮洋葱、杭椒各适量
➡ **配料**：沙拉酱 30 克

操作步骤

①生菜掰开洗净，撕成小片；黄瓜、樱桃番茄、樱桃萝卜、洋葱、杭椒分别洗净，改刀切好。
②所有主料全部放入碗中，加入沙拉酱，拌匀即可。

操作要领

各类时蔬一定要清洗干净，改刀时切得要均匀。

营养贴士

生菜中水分含量高，还含有 β－胡萝卜素、维生素 C、维生素 E 和铁质等。经常用眼的人可多吃此菜，补充维生素，而维生素 E 具有延缓细胞老化的作用。

香炒胡萝卜

视觉享受：★★★　味觉享受：★★★★　操作难度：★★

TIME 15分钟

菜品特点
脆软适中
香甜可口

> **主料：** 胡萝卜250克，黄瓜100克
> **配料：** 蒜片15克，生抽10克，食盐3克，植物油适量，鸡精少许

操作步骤

①胡萝卜去皮洗净，切小滚刀块；黄瓜洗净，切丁。
②锅内放植物油烧热，放入蒜片炒出香味，下入胡萝卜，转小火翻炒2分钟，待表面颜色变深时，加少许水、食盐、鸡精、生抽，用中火煮至汤干。
③最后放入黄瓜丁，翻炒片刻即可出锅。

操作要领

因胡萝卜出水少，炒制时最好加少许水，以免煳锅。

营养贴士

胡萝卜中的胡萝卜素和维生素A是脂溶性物质，应用油炒熟或和肉类一起炖煮后再食用，以利于吸收。

> **主料：** 菠菜250克
> **配料：** 姜汁、香醋、生抽各10克，蒜末8克，白糖5克，食盐3克，香油少许

操作步骤

①菠菜择好洗净，放入提前准备好的沸水锅中焯水，捞出后用凉水冲凉，控去多余的水分，切成段。
②将处理好的菠菜放到碗中，加入食盐、香醋、生抽、蒜末、姜汁、白糖、香油，拌匀后即可食用。

操作要领

菠菜中草酸含量较高，最好放在开水中煮3分钟。另外，如果没有姜汁，也可直接用姜末或者以姜末泡水。

营养贴士

菠菜中所含的胡萝卜素，在人体内会转变成维生素A，能维护正常视力和上皮细胞的健康。

姜汁拌菠菜

视觉享受：★★★★　味觉享受：★★★★　操作难度：★★

TIME 10分钟

菜品特点
清素可口

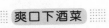

罗汉斋

视觉享受：★★★★
味觉享受：★★★
操作难度：★★

TIME 15分钟

菜品特点
清脆爽口

主料：西蓝花 100 克，四季豆、鲜竹笋各 50 克，黄瓜、胡萝卜各 30 克，鲜百合 20 克，干香菇、干木耳各少许

配料：植物油 20 克，蒜末 10 克，食盐 3 克，鸡精 2 克

 操作步骤

①干香菇泡发，切成片；胡萝卜、黄瓜洗净，切片；干木耳泡发洗净，撕小朵；西蓝花洗净，切小朵；鲜竹笋去皮洗净，切条；四季豆择好洗净，切段；百合洗净，掰开。

②锅中烧开水，调入少许食盐，分别放入主料焯烫，捞出沥干水分。

③锅置火上，放油，烧热，放入蒜末炒香，倒入焯过的主料翻炒，调入食盐、鸡精炒匀至出香味，出锅即可。

操作要领

用旺火快炒，才能保持此菜的鲜脆。

营养贴士

此菜具有保护心血管的功效。

凉拌脆瓜丝

视觉享受：★★★ 味觉享受：★★★★ 操作难度：★★

TIME 15分钟

菜品特点
清素可口
营养全面

➡ **主料：** 黄瓜 200 克，绿豆芽、素鸡各 50 克

➡ **配料：** 蒜茸 10 克，白醋 15 克，生抽 8 克，白糖 5 克，食盐 3 克，花椒油、香油各少许

操作步骤

①绿豆芽去头、根，洗净，放入沸水中焯熟，捞出过凉水，沥干水分。

②素鸡放入沸水中煮熟，捞出，手撕成条。

③黄瓜去皮，洗净，切成丝，用少许食盐腌渍 10 分钟，控去水分。

④所有主料放入碗中，淋入以配料调成的汁，拌匀即可。

操作要领

黄瓜要用食盐腌出水分，这样才能保持黄瓜的清脆，同时不影响整道菜的口感。

营养贴士

鲜黄瓜中含有丙醇二酸，它有抑制糖类转化为脂肪的作用，能够瘦身减肥。

➡ **主料：** 嫩豆腐 250 克

➡ **配料：** 清汤 150 克，剁椒 40 克，双孢菇 2 朵，熟松仁 15 克，葱花 10 克，姜末、蒜末各 8 克，食盐 3 克，植物油适量，香油、鸡精各少许

操作步骤

①剁椒剁细；双孢菇洗净，切小粒；豆腐切片，放入盘中。

②豆腐入蒸锅蒸 15 分钟，取出倒掉盘子里的水。

③炒锅放植物油烧热，下入姜末、蒜末、剁椒爆出香味，下入双孢菇炒出香味，再加入清汤、鸡精、食盐煮开，转大火收至汤汁浓稠，淋入香油，浇到豆腐上，撒上松仁、葱花即可。

操作要领

也可减去蒸豆腐的环节，直接将豆腐放到汤汁中煮熟。

营养贴士

此菜具有补中益气、清热润燥、生津止渴、清洁肠胃的功效。

鸿运豆腐

视觉享受：★★★ 味觉享受：★★★★ 操作难度：★★

TIME 20分钟

菜品特点
鲜嫩味美
香辣可口

芦笋烩南瓜

视觉享受：★★★★
味觉享受：★★★
操作难度：★★

TIME 15分钟

菜品特点
清淡可口

▶ **主料：** 芦笋、南瓜各200克
▶ **配料：** 葱花5克，食盐3克，植物油适量

🍳 操作步骤

①芦笋洗净，切成段；南瓜挖去瓤，去皮洗净，切成与芦笋大致相当的条。

②锅烧热，倒入植物油烧至六成热，下入葱花爆香，再下南瓜条翻炒1分钟，加少许水煮3分钟。

③倒入芦笋段，继续煮2分钟，调入食盐翻炒均匀，即可出锅。

🥄 操作要领

煮南瓜的时间，可长可短，如果喜欢南瓜的软糯口感，就多煮一会儿。

👆 营养贴士

南瓜含有丰富的钴，钴能活跃人体的新陈代谢，促进造血功能，并参与人体内维生素 B_{12} 的合成，是人体胰岛细胞所必需的微量元素。

视觉享受：★★★ 味觉享受：★★★ 操作难度：★★

山药沙拉

TIME 10分钟

菜品特点
酸甜爽口
解腻开胃

➡ 主料： 山药 150 克，玉米粒、青豆、苦瓜各 50 克

➡ 配料： 枫糖 10 克，柠檬汁 25 克，食盐适量，橄榄油少许

操作步骤

①山药去皮洗净，切丝，浸泡在水中；苦瓜洗净，切丁。

②锅中烧开水，加适量食盐，山药丝、苦瓜、玉米粒、青豆分别焯水至断生，捞出后过凉水，沥干水分。

③将所有主料放入盘中，加橄榄油拌匀，另取一小碗，加枫糖、柠檬汁、少量清水调匀，食用时与主料拌匀即可。

操作要领

山药去皮时，可带一次性手套，以防止皮肤因接触黏液而变痒。

营养贴士

此菜中含有大量的水分和维生素，是人体必不可少的营养物质。

➡ 主料： 萝卜干 200 克，橄榄菜罐头 80 克

➡ 配料： 香辣酱 30 克，生抽 15 克，蒜末、姜末、葱花各 8 克，植物油适量，鸡精少许

操作步骤

①萝卜干冲洗揉搓几遍，放入清水中浸泡半天至泡发，捞出控干，切成条；橄榄菜切碎。

②炒锅放植物油烧热，下入蒜末、姜末、葱花爆香，放入香辣酱炒出香味，再下入萝卜干、橄榄菜翻炒 1 分钟，调入鸡精、生抽，再次翻炒均匀即可。

操作要领

萝卜干味咸，橄榄菜中也有盐分，因此不需要再放盐。

营养贴士

橄榄菜富含橄榄油和多种维生素及人体必需的钙、碘，还含有铁、锌、镁等多种微量元素。

视觉享受：★★★ 味觉享受：★★★ 操作难度：★

辣炒萝卜干

TIME 10分钟

菜品特点
风味小菜
味道甘醇

油盐水西蓝花

视觉享受：★★★
味觉享受：★★★★
操作难度：★

TIME 50分钟

菜品特点
清淡美味
去热消暑

主料： 西蓝花250克

配料： 上汤500克，姜15克，花椒油8克，食盐、鸡精各适量

操作步骤

①西蓝花用淡盐水浸泡15分钟，捞出控水，掰成小朵；姜切成菱形片。

②锅中烧开水，西蓝花放入沸水中大火余1分钟，捞出。

③上汤、食盐、鸡精、姜片、花椒油放入锅中，大火烧开，再煮3分钟关火，晾凉制成油盐水。

④将西蓝花放入油盐水中，浸泡30分钟至入味，即可食用。

操作要领

西蓝花提前余水，可除去青涩口感，比直接加入油盐水中煮味道更好。

营养贴士

西蓝花含有丰富的抗坏血酸，能增强肝脏的解毒能力，提高机体免疫力。

视觉享受：★★★ 味觉享受：★★★★ 操作难度：★★

红椒拌芹菜

TIME 10分钟

菜品特点
红绿分明
鲜嫩爽口

➡ **主料：** 嫩芹菜 200 克，鲜红辣椒 100 克

☛ **配料：** 白醋 15 克，姜末 10 克，食盐 3 克，花椒油、辣椒油、鸡精各适量

🔄 操作步骤

①芹菜去叶、老梗，洗净，切成 5 厘米长的段；鲜红辣椒洗净，去籽，切成细丝。

②芹菜放入沸水锅中烫一下，捞出投凉，控干水分。

③芹菜、红辣椒丝放入盘中，调入食盐、鸡精、姜末、白醋、花椒油、辣椒油，拌匀，摆盘即可。

💧 操作要领

芹菜焯水时间不能太长，且要过一下凉水，否则没有清脆口感。

👉 营养贴士

芹菜具有较高的药用价值，具有散热、祛风利湿、润肺止咳、降低血压、健脑镇静的功效。

➡ **主料：** 黄瓜 150 克，金针菇 100 克，黄花菜 50 克，红椒 30 克

☛ **配料：** 白醋 15 克，食盐 5 克，鸡精 3 克，香油 3 克，姜末、蒜末、花椒油各适量

🔄 操作步骤

①黄瓜、红椒洗净，切成丝；金针菇切去根部有杂质的部分，撕开洗净；黄花菜泡发，洗净。

②金针菇、黄花菜分别放入沸水中焯约 1 分钟，捞出过凉水，沥干水分。

③所有主料放入碗中，淋入以姜末、蒜末、食盐、香油、白醋、鸡精、花椒油调成的汁，拌匀即可。

💧 操作要领

如果喜欢吃辣，可以加入一些辣椒油提味。

👉 营养贴士

金针菇有促进智力发育和健脑的作用，在许多国家被誉为"益智菇"和"增智菇"。

视觉享受：★★★★ 味觉享受：★★★ 操作难度：★

金针菇拌黄瓜

TIME 10分钟

菜品特点
脆嫩可口
滋味丰富

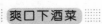 爽口下酒菜

老干妈炒苦瓜

TIME 10分钟

视觉享受：★★★★
味觉享受：★★★
操作难度：★★

> **主料：** 苦瓜150克
> **配料：** 高汤50克，老干妈豆豉15克，大蒜4瓣，食盐2克，植物油适量，熟白芝麻少许

操作步骤

①苦瓜对半剖开，挖去瓤，洗净后切成条，放入滚水中汆烫1分钟捞出；大蒜切片。

②中火烧热锅中的油，放入苦瓜条煎至表面变色时捞出备用。

③锅中留底油，大火烧至七成热，放入蒜片、豆豉煸炒出香味，放入苦瓜翻炒几下，加入食盐、高汤，烧开后转中小火煮3分钟，转大火收干汤汁，撒入白芝麻即可关火。

操作要领

煎苦瓜的油不必特别多，差不多比平时炒菜的油多一点儿即可。

营养贴士

此菜具有消脂、减肥、排毒的功效。

视觉享受：★★★ 味觉享受：★★★★ 操作难度：★★

姜末扁豆

TIME 10分钟

菜品特点
清淡味美
绿色佳肴

主料： 扁豆250克

配料： 姜15克，生抽、香醋各15克，辣椒油10克，蒜末5克，食盐3克，香油少许

操作步骤

①扁豆掐去两头及筋，用清水洗净；姜刮去外皮，洗净，切成细末。

②锅中注入清水，上火烧开，放入扁豆汆熟，捞出，放入凉开水中过凉，捞出控水。

③汆熟的扁豆斜刀切成丝，放入容器中，加入食盐、香油、姜末、蒜末、生抽、香醋、辣椒油，拌匀即可。

操作要领

扁豆先汆水再切丝，可以减少营养成分的流失。

营养贴士

扁豆味甘、性平，归胃经，与脾性最合，具有健脾、和中、益气、化湿、消暑的功效。

主料： 茶树菇500克

配料： 素肉150克，煮肉香料30克，姜末30克，酱油30克，冰糖8克，香油5克，植物油、青辣椒丝、红辣椒丝、熟白芝麻各适量、白胡椒粉、香菇精、食盐各少许

操作步骤

①素肉用热水泡软，挤干水分，切成小粒；煮肉香料放入纱布中绑好；茶树菇放入清水中泡15分钟，洗净切段。

②热锅倒入植物油，放入姜末爆香，加入素肉、酱油、白胡椒粉、香菇精、冰糖、食盐，炒匀，倒入水煮开，放入香料包，转小火煮约20分钟，制成素肉臊卤汁。

③茶树菇放入素肉臊卤汁中煮开，再以小火煮10分钟，捞出。

④卤好的茶树菇放入碗中，淋入香油，撒上芝麻拌匀，点缀青辣椒丝、红辣椒丝即可。

操作要领

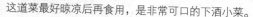

这道菜最好晾凉后再食用，是非常可口的下酒小菜。

营养贴士

茶树菇含有丰富的B族维生素和多种矿物质元素。

视觉享受：★★★ 味觉享受：★★★★ 操作难度：★★

香卤茶树菇

TIME 60分钟

菜品特点
味道清香
口感极佳

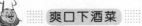

功夫黄瓜

TIME 60 分钟

菜品特点
脆嫩清爽
营养健康

▶**主料：** 黄瓜 250 克

▶**配料：** 葱白 30 克，韭菜 20 克，洋葱 15 克，蒜瓣 10 克，生抽、香醋各 15 克，花椒油 8 克，食盐 3 克，鸡精少许

 操作步骤

①黄瓜洗净去蒂，切成厚约 2 厘米的段，以少许食盐腌渍 20 分钟。

②洋葱、葱白、蒜瓣洗净，切碎；韭菜择好，洗净切小段。

③洋葱、葱白、蒜、韭菜放入碗中，调入生抽、香醋、鸡精、食盐、花椒油，拌匀制成调味汁。

④腌好的黄瓜沥去水分，浇入调味汁，拌匀腌渍 30 分钟，食用时摆盘即可。

操作要领

黄瓜切得块大肉厚，必须充分腌渍入味。

 营养贴士

黄瓜具有清热利水、解毒的功效。

视觉享受：★★★★　味觉享受：★★★　操作难度：★

红油拌莴笋

TIME 10 分钟

菜品特点
营养丰富
鲜美可口

主料： 莴笋 300 克

配料： 红油 20 克，姜汁、白醋各 10 克，食盐 3 克，干辣椒段适量，鸡精、香油各少许

操作步骤

①莴笋去皮洗净，改刀切片。
②锅中烧开水，下入莴笋片焯烫 1 分钟，捞出过凉水，沥干水分。
③莴笋放入碗中，调入姜汁、白醋、鸡精、香油、食盐。
④锅中加红油烧热，下入干辣椒段炸香，连油浇到莴笋上，拌匀即可。

操作要领

如果没有红油，也可用干辣椒碎、花椒粉炸制，取其油。

营养贴士

莴笋中，钾含量大大高于钠含量，有利于体内的水电解质平衡，并对高血压、水肿、心脏病人有一定的食疗作用。

主料： 花生米 300 克

配料： 酱油 30 克，葱段、姜片各 15 克，干辣椒段 10 克，花椒 8 克，食盐 3 克，植物油适量，大料、白芷、茴香各少许

操作步骤

①花生米用水冲洗干净，用清水浸泡 24 小时，去除外皮。
②锅中放入植物油烧热，将花椒、大料、白芷、茴香、葱段、姜片、干辣椒段爆香，加入花生米翻炒均匀，加入清水、酱油、食盐烧开，改慢火煮至收汁即可。

操作要领

制作这道菜最好去除外皮，否则将影响最后菜品的美观和颜色。

营养贴士

花生含有不饱和脂肪酸，有降脂作用。此外，经常吃一些花生米还可以健脑和抗衰老。

视觉享受：★★★　味觉享受：★★★　操作难度：★★

酱花生米

TIME 20 分钟

菜品特点
清爽可口
营养全面

干炒土豆条

TIME 40分钟

菜品特点
香辣可口
味道独特

主料： 土豆 300 克

配料： 干红辣椒丝 15 克，葱花 10 克，生抽 10 克，食盐 3 克，花椒粉、孜然粉、辣椒粉、生姜粉、植物油各适量，鸡精少许

🔄 操作步骤

①土豆洗净去皮，切成 1 厘米粗、5 厘米长的条，浸泡在淡盐水里 30 分钟，捞出控水。

②不粘锅烧热，多加入些植物油，下入土豆条煎至表面金黄，盛出控油。

③锅中留底油，下入葱花、干红辣椒丝爆香，下入土豆条翻炒，撒入适量花椒粉、生姜粉、孜然粉、辣椒粉，继续翻炒 1 分钟，调入生抽、食盐、鸡精，炒匀即可。

🥄 操作要领

如果要节省时间，也可直接购买超市里的速冻薯条。

☞ 营养贴士

此菜有和胃、调中、健脾、益气的功效。

平菇焖茭白

TIME 20分钟

菜品特点
质地鲜嫩
口味甘实

视觉享受 ★★★ 味觉享受 ★★★★ 操作难度 ★★

➡ 主料： 茭白 200 克，平菇 150 克

↩ 配料： 高汤 300 克，青椒、洋葱各 50 克，蘑菇汁 30 克，水淀粉 10 克，食盐 3 克，植物油适量

操作步骤

①平菇去柄洗净，切成片；茭白去皮洗净，切滚刀块；青椒、洋葱洗净，切片。

②平菇、茭白分别放入沸水锅中焯透，捞出控水。

③锅中倒入植物油烧热，放洋葱炒至变软，下入蘑菇汁、高汤煮沸，加入主料、青椒焖 10 分钟，以水淀粉勾芡，调入食盐翻炒均匀即可。

操作要领

也可用香菇替换平菇，即做成香菇焖茭白。

营养贴士

茭白含有丰富的具有解酒作用的维生素，有解酒醉的功效。

➡ 主料： 香豆腐干 200 克，核桃 50 克

↩ 配料： 酱油、花椒油各 10 克，香油 5 克，鸡精、葱花少许

操作步骤

①香豆腐干放沸水锅中烫一下，捞出沥水，切成小丁。

②核桃仁放入热水中浸泡数分钟，剥去膜衣，放炒锅内炒至香脆，盛出晾凉，切成小丁。

③香豆腐干丁、核桃丁放入盘内，加入酱油、花椒油、香油、鸡精拌匀，撒入葱花即可。

操作要领

香干中已有盐分，此菜可不放盐。

营养贴士

香豆腐干含有丰富的蛋白质、维生素、钙、铁、镁、锌等营养元素，营养价值较高。

视觉享受 ★★★ 味觉享受 ★★★ 操作难度 ★

香干拌核桃丁

TIME 10分钟

菜品特点
色香味佳
久吃不厌

罗汉焖豆腐

视觉享受 ★★★
味觉享受 ★★★★
操作难度 ★★

TIME 15分钟

菜品特点
口味鲜香

主料: 豆腐 150 克, 双孢菇、鲜香菇各 80 克, 西蓝花 50 克

配料: 清汤 200 克, 花椒水 15 克, 酱油 10 克, 葱花、姜末各 8 克, 植物油适量, 食盐、鸡精、淀粉各少许

操作步骤

①豆腐切成块, 放入不粘锅中煎至表面微黄, 盛出。

②双孢菇、鲜香菇去根, 洗净切段; 西蓝花洗净, 掰成小朵。

③锅内放油, 油热后下入葱花、姜末爆香, 添入清汤, 加入花椒水、双孢菇、香菇, 烧开后将豆腐、西蓝花入锅, 焖约 5 分钟后放鸡精、食盐、酱油调味, 大火收汁, 用淀粉勾芡即成。

操作要领

豆腐提前煎一下, 可防止焖的时候变松散。

营养贴士

此菜是具有保健作用的健康食品。

视觉享受：★★★　味觉享受：★★★★　操作难度：★★

青椒炝卷心菜

TIME 10分钟

菜品特点
清爽鲜嫩

> **主料：** 卷心菜 250 克，青椒 50 克
>
> **配料：** 小米椒 1 个，葱花 10 克，豆豉 5 克，蚝油 5 克，食盐 3 克，植物油适量，鸡精少许

操作步骤

①卷心菜洗净，用手撕成小片；青椒洗净，切粒，小米椒洗净，切段。

②炒锅上火，加入植物油烧热，放葱花、豆豉爆香，再放青椒粒、小米椒翻炒半分钟，放卷心菜继续翻炒。

③加食盐、蚝油、鸡精调味，翻炒至卷心菜变色即可。

操作要领 ◀◀◀

卷心菜炒的时间不要过长，以保持其清脆口感为佳。

营养贴士

卷心菜能提高人体免疫力，预防感冒。在抗癌蔬菜中，卷心菜排在第五位。

> **主料：** 绿豆芽 250 克
>
> **配料：** 干辣椒 3 个，花椒 20 粒，醋 15 克，食盐 3 克，植物油适量，鸡精少许

操作步骤 ◀◀

①豆芽洗净，掐去头尾；干辣椒洗净，切小段。

②锅烧热，将植物油下锅，约六成热下入干辣椒、花椒稍炒。

③待炒出香味后，将豆芽下锅，放入食盐、鸡精、醋调味，稍炒即可出锅。

操作要领 ◀◀◀

此菜制作过程中需用旺火快速翻炒，以保持原材料的清爽和脆嫩。

营养贴士

绿豆芽性凉、味甘、无毒，具有清暑热、调五脏、解诸毒、利尿除湿的功效，可用于饮酒过度、湿热瘀滞、食少体倦的食疗。

视觉享受：★★★　味觉享受：★★★　操作难度：★

炝豆芽菜

TIME 10分钟

菜品特点
鲜嫩清爽
操作简单

怪味腰果

视觉享受 ★★★
味觉享受 ★★★★
操作难度 ★★

菜品特点
风味独特
润口生香

➡ **主料：** 腰果 300 克

➡ **配料：** 白糖 45 克，辣椒粉 20 克，花椒粉、五香粉各 5 克，食盐 3 克，鸡精 2 克，植物油适量，白芝麻少许

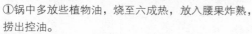

🥢 操作步骤

①锅中多放些植物油，烧至六成热，放入腰果炸熟，捞出控油。

②干净的炒锅中加入白糖及少量水，待水分蒸发，加入剩余配料。

③倒入腰果滚粘上调味料，起锅装盘，冷却即可食用。

🥄 操作要领

滚粘调味料时要改用中小火，并且动作要迅速，以免煳锅。

👉 营养贴士

腰果所含的蛋白质达一般谷类作物的 2 倍之多，并且所含氨基酸的种类与谷物中氨基酸的种类互补。

视觉享受：★★★　味觉享受：★★★★　操作难度：★

干炸胡萝卜丝

TIME 10分钟

菜品特点
酥香味美
适宜佐酒

主料： 胡萝卜 300 克

配料： 熟黑芝麻 10 克，食盐 3 克，植物油适量，香油少许

操作步骤

①胡萝卜洗净，切成细丝，放入食盐腌渍片刻至出水，控去水分。

②锅中放多些植物油烧热，待油温七成热时，下入胡萝卜丝炸至略干、颜色金黄，捞出控油，撒入黑芝麻、香油拌匀即可。

操作要领

胡萝卜腌出水后，一定要控干水分后再炸，否则容易炸锅。

营养贴士

胡萝卜中胡萝卜素的含量在蔬菜中名列前茅，每百克中约含胡萝卜素 3.62 毫克，而且于高温下也保持不变，并易于被人体吸收，有补肝明目的作用。

主料： 豆腐皮 200 克，海带（鲜）150 克

配料： 酱油 10 克，大蒜 8 克，白糖 5 克，鸡精 3 克，葱花、植物油各适量，食盐、香油各少许

操作步骤

①大蒜去皮，捣成茸；豆腐皮切成细丝，放入开水中烫一下，捞出控水。

②海带洗净，放入沸水锅中煮 10 分钟，捞出投入冷开水中浸凉，沥干水分，切成细丝。

③锅中放植物油烧热，下入葱花炒出香味，放入海带、豆腐丝翻炒片刻，再放入酱油、食盐、鸡精、白糖、香油、蒜茸，翻炒均匀装盘即可。

操作要领

豆腐皮、海带中均有盐分，要根据情况酌量放盐。

营养贴士

海带能使血液的黏度降低，防治血管硬化。

视觉享受：★★★　味觉享受：★★★　操作难度：★★

干丝炒海带

TIME 10分钟

菜品特点
质地脆嫩
口味鲜香

31

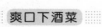

粉蒸芹菜叶

TIME 10分钟

观觉享受 ★★★
味觉享受 ★★★★
操作难度 ★

菜品特点
气味芬芳
操作简单

➡ **主料**：芹菜叶 200 克
➡ **配料**：玉米粉 20 克，小麦面粉 15 克，生抽、醋各 10 克，蒜末 8 克，白糖 5 克，食盐、香油、植物油各少许

操作步骤

①芹菜叶洗净，沥干，将少量植物油倒入芹菜叶中，拌匀，使芹菜叶表面均匀地沾上油。
②玉米粉、面粉、食盐混合均匀，倒入拌好油的芹菜叶中拌匀，使芹菜叶表面均匀地裹上粉。
③蒸锅内放入适量的水，大火烧开，再放入裹好粉的芹菜叶，盖上锅盖，大火蒸 5 分钟后取出，调入剩余配料，拌匀即可。

操作要领

蒸的时候要用大火，时间不要太长，以免将菜叶蒸得太烂。

营养贴士

此菜具有散热、祛风利湿、健胃利血等功效。

视觉享受: ★★★　味觉享受: ★★★　操作难度: ★★

芥末扁豆丝

TIME 10分钟

菜品特点
豆角鲜嫩
芥末味浓

● **主料:** 扁豆 300 克

● **配料:** 虾酱油 10 克，芥末粉 10 克，红椒 10 克，白糖 5 克，食盐 3 克，香油少许

操作步骤

①扁豆择去两头及老筋，洗净；红椒洗净，切丝。
②锅中烧开水，将扁豆投入沸水锅中焯熟，捞出沥干水分，晾凉后切成丝。
③扁豆丝、红椒丝放入盆内，加入用开水发好的芥末粉、食盐、白糖、香油和虾酱油，拌匀装盘即成。

操作要领

芥末粉用开水冲好后，稍凉，用筷子扎几个孔，上面再浇入开水，以没过芥末粉为度，盖上盖，焖约6小时，再把浮面的开水倒掉即可。

营养贴士

扁豆衣的 B 族维生素含量特别丰富，还含有磷脂、蔗糖、葡萄糖等营养成分。

● **主料:** 山药 400 克，枸杞 15 克

● **配料:** 冰糖 50 克，白米醋 30 克，食盐、葱花各少许

操作步骤

①山药刮去表皮，洗净，在冷水中浸泡片刻，使表面的黏液稀释，捞出控水，切成长条。
②锅中放适量水烧开，将山药条和枸杞放入锅中煮3分钟，取出放入冷水中冲凉，沥干水分。
③锅中保留一些煮山药的汤水，放入冰糖用小火慢慢熬化，然后调入白米醋、食盐，将汤汁稍稍收稠，制成酸甜汁。
④枸杞、山药放入酸甜汁中，浸泡 30 分钟，食用时撒些葱花即可。

操作要领

最后一步放葱花可根据个人口味增减。

营养贴士

山药具有健脾、补肺、固肾、益精等多种功效。

视觉享受: ★★★　味觉享受: ★★★　操作难度: ★

枸杞山药

TIME 40分钟

菜品特点
山药糯糯
营养健康

辣炝菜花

视觉享受 ★★★
味觉享受 ★★★★
操作难度 ★

菜品特点
鲜嫩可口

主料： 菜花 300 克，红朝天椒 2 个

配料： 蒜 2 瓣，白醋 15 克，香葱 10 克，植物油适量，蘑菇精、食盐、花椒粒各少许

操作步骤

①菜花洗净，掰小朵，用淡盐水浸泡 5 分钟，再用沸水焯熟，捞出投凉，控水。

②香葱切葱圈；红朝天椒切圈；蒜瓣切末。

③菜花放入容器中，调入蘑菇精、白醋、食盐拌匀，上面撒上香葱圈和蒜末。

④炒锅烧热植物油，投入花椒粒，炸出香味后放入辣椒圈，趁热将油浇在菜花上即可。

操作要领

维生素 C 溶于水，在烹调时为减少维生素 C 和抗癌物质的损失可用沸水焯。

营养贴士

此菜是最好的血管清理剂，能够阻止胆固醇氧化。

视觉享受：★★★ 味觉享受：★★★ 操作难度：★★

凉拌菜根

TIME 30 分钟

菜品特点
风味独特
酸辣爽口

➡ **主料：** 白菜根 200 克

➡ **配料：** 韩式辣酱 30 克，香醋、生抽各 15 克，花椒 5 克，植物油适量，食盐、香油、黑芝麻各少许

🥢 操作步骤

①白菜根削去须根及泥土多的部分，保留部分菜叶，洗净，放入淡盐水中浸泡 20 分钟。

②捞出白菜根，控水后切成条，放入沸水锅中焯熟，捞出过凉水，沥干水分。

③白菜根放入碗中，放入韩式辣酱、香醋、生抽、香油、黑芝麻拌匀，浇入炸好的花椒油，再次拌匀即可。

🍳 操作要领

制作花椒油时，以中小火加热植物油，放入花椒炸出香味即可。

👉 营养贴士

白菜根味甘性微寒，具有清热利水、解表散寒、养胃止渴的功效。

➡ **主料：** 苦菊 250 克，樱桃番茄 50 克

➡ **配料：** 香醋 15 克，蒜 3 瓣，生抽 10 克，白糖 5 克，食盐 3 克，香油、鸡精各少许

🥢 操作步骤

①苦菊去除老叶、根，洗净，沥干水分，用手撕成段，放入碗内。

②蒜瓣切末；樱桃番茄洗净，切小块。

③生抽、香醋、白糖、香油、鸡精、蒜末、食盐放入小碗内，调成酱汁。

④苦菊、樱桃番茄放入碗中，调入酱汁拌匀，摆盘即可上桌。

🍳 操作要领

苦菊最后拌好后，可静置 20 分钟入味后再食用，口感更佳。

👉 营养贴士

食用苦菊有助于促进人体内抗体的合成，增强机体免疫力，促进大脑机能。

视觉享受：★★★ 味觉享受：★★★★ 操作难度：★★

凉拌苦菊

TIME 10 分钟

菜品特点
鲜嫩清爽
清热去火

泡仔姜

视觉享受：★★★
味觉享受：★★★★
操作难度：★★

TIME 100分钟

菜品特点
酸辣爽口

➡ **主料：** 仔姜 500 克

➡ **配料：** 白醋 80 克，冰糖 30 克，玫瑰茄（洛神花）2 朵，米酒 30 克，红油 15 克，食盐适量，鸡精少许

🍲 操作步骤

①仔姜清洗干净，切成小块，加少许食盐腌渍一下，其间不时地翻拌，30 分钟后将仔姜腌出的水分挤干。

②取干净无油腻的小锅，加入 2 杯清水、白醋、冰糖、玫瑰茄，煮开后放凉，再倒入米酒，泡入仔姜块，浸泡 1 小时。

③食用时取出适量仔姜，拌入红油、少许食盐、鸡精即可。

🍴 操作要领

仔姜浸泡 1 小时即可食用，但泡的越久越入味。

📖 营养贴士

此菜具有发汗解表、温中止呕、温肺止咳的功效。

视觉享受：★★★　味觉享受：★★★　操作难度：★★★

五香干丝

TIME 60分钟

菜品特点
五香味浓
质地柔韧

主料： 熏豆腐干 300 克

配料： 酱油 15 克，白糖 10 克，葱花、姜末各 8 克，五香粉 5 克，植物油适量，食盐、鸡精、香油各少许

操作步骤

①熏豆腐干洗净，切成粗丝。

②炒锅内加植物油烧至七成热时，下入葱花、姜末爆出香味，下入熏豆腐干，炒干水汽即下酱油、白糖、五香粉及少许清水。

③中火收至汤干时，下鸡精、香油、食盐炒匀即可。

操作要领 ◄◄◄

熏豆腐干中已有盐分，应少放盐。

营养贴士

豆腐干是豆腐的再加工制品，咸香爽口，硬中带韧。豆腐的营养价值与牛奶相近，对因乳糖不耐症而不能喝牛乳，或为了控制慢性病不吃肉禽类的人而言，豆腐是最好的代替品。

主料： 红心萝卜300克

配料： 白糖 15 克，白醋适量，鸡精、食盐、白芝麻各少许

操作步骤 ◄◄◄

①红心萝卜去皮，洗净后切成细丝。

②将切好的萝卜丝放在大碗中，加入白糖、白醋、鸡精、食盐腌 15 分钟，食用时撒上白芝麻，拌匀装盘即可。

操作要领 ◄◄◄

切丝时，粗细可根据自己的喜好选择，粗一点的萝卜条也很有风味。另外，稍微加点食盐能够更好地提取萝卜的鲜味。

营养贴士

红心萝卜具有极高的营养价值和药用价值，能清除体内毒素和多余的水分，促进血液和水分新陈代谢。

视觉享受：★★★　味觉享受：★★★★　操作难度：★

芝麻萝卜丝

TIME 20分钟

菜品特点
酸甜可口

麻辣腐皮丝

TIME 10分钟

视觉享受：★★★
味觉享受：★★★★
操作难度：★★

菜品特点
咸鲜麻辣
略带回甜

➡ **主料：** 干豆腐皮 300 克

➡ **配料：** 干辣椒粉 20 克，红油辣椒 15 克，花椒粉、麻椒粉各 5 克，鸡精、香油、食盐、酱油、白糖各适量

🔄 操作步骤

①将清水烧沸后关火，待水温下降至 60~70℃时，放入豆腐皮泡至全部回软，捞起晾凉。

②豆腐皮切成约 10 厘米长的细丝，盛入盘内。

③在豆腐丝中加入食盐、酱油、白糖、鸡精、香油、红油辣椒、花椒粉、麻椒粉、干辣椒粉，拌匀即成。

🖊 操作要领

泡豆腐皮的水温不宜过低或过高。

☛ 营养贴士

此菜为补益清热食品，常食之，具有补中益气、清热润燥、生津止渴、清洁肠胃的功效。

視覺享受 ★★★　味覺享受 ★★★★　操作難度 ★★

青苹炖芦荟

TIME 100分钟

菜品特点
酸甜美味

→ **主料**：青苹果 200 克，芦荟 150 克

→ **配料**：白糖、冰糖各适量，枸杞少许

操作步骤

①青苹果削皮、去核洗净，切成小块；芦荟去刺、去皮洗净，切成条状，撒上白糖腌 1 小时。

②青苹果块、芦荟条、枸杞、冰糖倒入开水锅中，用小火加盖炖至酥软即可。

操作要领

炖制时，加入水的量，以刚好没过苹果和芦荟条为准；冰糖和白糖的用量根据个人口味添减，但用量不宜过多。

营养贴士

芦荟含酚类、芦荟素、芦荟酊、有机酸等成分，能排除体内毒素，调节内分泌，同时还能够中和黑色素，提高胶原蛋白的合成机能。

→ **主料**：丝瓜 300 克，毛豆粒 50 克

→ **配料**：泡椒酱 30 克，料酒 10 克，姜末 8 克，食盐 2 克，植物油适量，香油、鸡精各少许

操作步骤

①丝瓜去头尾洗净，刨去外皮，切成滚刀块；毛豆粒洗净，用水煮熟。

②烧热锅内植物油，爆香姜末、泡椒酱，倒入毛豆粒炒匀。

③倒入丝瓜一同拌炒均匀，见丝瓜软熟后，调入食盐、鸡精、香油、料酒，炒匀即可。

操作要领

炒丝瓜时，如果锅内太干可适当加些清水。

营养贴士

此菜能够预防动脉硬化，清除自由基，防癌，保护细胞，解毒，保护肝脏，提高免疫力。

視覺享受 ★★★　味覺享受 ★★★★　操作難度 ★★

湘味炒丝瓜

TIME 10分钟

菜品特点
鲜香味美

酸辣炒韭菜

TIME 10分钟

菜品特点
酸辣料香
口感爽脆

▶ **主料：** 韭菜150克，鸡蛋2个，红椒50克

▶ **配料：** 醋15克，料酒10克，水淀粉8克，食盐3克，花椒粉、辣椒面、植物油各适量

🍳 操作步骤

①韭菜洗净，切成段；红椒洗净，切成小块；鸡蛋加少许食盐、料酒、少许水打散。

②坐锅点火倒油，下鸡蛋炒熟后盛出；取一小碗加醋、食盐、花椒粉、水淀粉搅匀。

③锅中加少许油，放入辣椒面炸香后倒入韭菜快速翻炒，加入红椒、鸡蛋，倒入调好的汁，炒熟出锅即可。

🍳 操作要领

用辣椒面爆香时，要将锅离火，否则容易煳底。

👉 营养贴士

韭菜有助于疏调肝气，有增进食欲、增强消化功能的功效。

爽口下酒菜

★ ★ ★ ★ ★

禽肉类

★ ★ ★ ★ ★

香辣茄子鸡

视觉享受：★★★★
味觉享受：★★★★
操作难度：★★

TIME 45分钟

菜品特点
香软可口
味道鲜美

 **主料：** 茄子300克，鸡腿250克

 **配料：** 豆瓣酱30克，香醋20克，料酒、酱油各30克，蒜瓣、姜各10克，植物油适量，葱花、食盐少许

 操作步骤

①鸡腿洗净，切块，加入一半料酒及酱油腌渍30分钟；茄子洗净切块；蒜瓣、姜切末备用。

②锅中加入植物油烧热，六成热时放入茄子，炸至微黄，捞出控油；再下入鸡腿炸至金黄，捞出控油。

③锅中留底油，放入蒜末、姜末、豆瓣酱炒出香味，放入鸡肉块、茄子翻炒均匀，加剩余料酒、酱油、香醋、食盐、适量水，炖至汤汁收干后出锅装盘，

撒入葱花即可。

操作要领

加入香醋后要减少翻动次数，应小火炖制。

营养贴士

此菜具有一定的降低高血脂、高血压的功效。

凉粉鱼拌鸡

视觉享受：★★★　味觉享受：★★★★　操作难度：★★

TIME 15分钟

菜品特点
香辣美味
下酒佳肴

主料： 豌豆凉粉 150 克，鸡腿 2 个，草鱼肉 100 克

配料： 红油 30 克，剁椒 20 克，醋 20 克，生抽 10 克，蒜末 10 克，食盐 5 克，花椒面 3 克，姜片、葱段、植物油各适量，香菜少许

操作步骤

①鸡腿洗净放入锅中，加入适量水、姜片、葱段、适量食盐煮熟，捞出过凉水，用手撕成片，去骨不用。

②草鱼肉洗净，切成小条，放入不粘锅中用植物油煎熟。

③豌豆凉粉切成长约 4 厘米的条，摆在盘底。

④剁细的剁椒、红油、醋、生抽、蒜末、花椒面、少许食盐、鸡肉、鱼肉放入碗中拌匀，摆放在凉粉上，撒上香菜，食用时拌匀即可。

操作要领

剁椒一定要剁细，这样才能发挥其提味的作用。

营养贴士

此菜对贫血、虚弱等症有很好的食疗作用。

主料： 鸡胸肉 300 克，番茄 1 个，青豆、洋葱各 30 克

配料： 高汤 150 克，面粉 100 克，番茄酱 30 克，白糖 20 克，料酒 15 克，食盐 3 克，植物油适量，鸡精少许

操作步骤

①洋葱、番茄洗净切块；鸡肉洗净切块。

②面粉、少许食盐、料酒、适量水调成面糊，下入鸡肉块混合拌匀。

③取一油锅，油温七成热时，放入挂糊的鸡块炸至表面金黄，捞起沥油。

④锅中留底油，油热后下入鸡块、洋葱块炒香，再加入番茄块、番茄酱炒匀，加入高汤、青豆，调入食盐、白糖、鸡精，以小火卤至收汁即可。

操作要领

面糊放水不可过多，以免不好挂浆。

营养贴士

此菜有助消化、和脾胃的功效。

茄汁鸡块

视觉享受：★★★　味觉享受：★★★★　操作难度：★★

TIME 20分钟

菜品特点
鸡肉嫩滑
酸甜可口

风暴仔鸡

TIME 80 分钟

菜品特点
肉质细嫩
麻辣美味

视觉享受：★★★★
味觉享受：★★★★
操作难度：★★

⊙ **主料：** 仔鸡 1 只，小米椒 50 克
⊙ **配料：** 鲜麻椒 30 克，香醋 25 克，料酒、酱油、红油各 20 克，蒜末 10 克，食盐 5 克，鸡精 3 克，植物油适量，葱花、花生碎、白芝麻、胡椒粉、香油、香叶、大料各少许

🍳 操作步骤

①仔鸡洗净，加食盐、料酒腌渍 30 分钟；小米椒洗净，切圈。

②锅中放入仔鸡、食盐、香叶、大料、清水烧开，转中小火煮 20 分钟至熟，捞出，放入水中稍浸至凉，控干水分，切好装盘。

③锅中放植物油烧热，下鲜麻椒炒香，调入香油、酱油、食盐、鸡精、胡椒粉、红油，出香味后关火，晾凉，制成调味汁。

④调味汁、小米椒圈、花生碎、蒜末、葱花、白芝麻、

香醋放入碗中拌匀，浇在仔鸡上，腌渍 15 分钟即可。

🍲 操作要领

如果想让鸡肉更冰爽，可放入冰水中浸泡。

👉 营养贴士

此菜具有促消化、补钙、降血脂的功效。

视觉享受：★★★ 味觉享受：★★★★ 操作难度：★★★

船娘煨鸡

TIME 60分钟

菜品特点

鸡肉鲜烂
汤味清鲜

➡ **主料：** 嫩母鸡（已处理）1只，净鱼肉、虾肉各125克

👈 **配料：** 猪油100克，蛋清50克，淀粉25克，葱姜水20克，料酒15克，葱段、姜片各15克，食盐5克，胡椒粉少许

🔄 操作步骤

①净鱼肉和虾肉分别用刀背剁成细泥，分别加入各半的食盐、蛋清、猪油、胡椒粉、料酒与葱姜水，搅拌成糊状。

②锅内放入冷水，将拌好的鱼肉和虾肉泥分别挤成丸子放入，把锅放在火上烧开，丸子浮起便熟。

③将鸡放入砂锅内，加入清水没过鸡身，烧开后撇去浮沫，放入葱段、姜片、食盐，以小火将鸡煨烂，加入鱼丸和虾丸烧开，即可食用。

🔧 操作要领

葱姜水可用葱末、姜末加水自制，比例为1：1：2。

👉 营养贴士

此菜具有软化血管、补血气的功效。

➡ **主料：** 鸡胗400克，野山椒150克

👈 **配料：** 料酒20克，生姜15克，白糖10克，食盐3克，植物油适量，鸡精、花椒粒各少许

🔄 操作步骤

①鸡胗洗净切片；生姜切片。

②锅中加入植物油，油温五成热时下入姜片、花椒大火炒出香味，下入鸡胗煸炒约1分钟，烹入料酒，调入白糖、鸡精、食盐。

③加入没过食材的清水，再放入野山椒煮开，转小火继续煮10分钟关火，盛出装盘，自然晾凉至入味即可。

🔧 操作要领

本菜以咸鲜微辣为好，注意不要放入酱油。

👉 营养贴士

此菜对心脾两虚、面色萎黄、失眠心悸、头昏、健忘等症状有改善的功效。

视觉享受：★★★ 味觉享受：★★★ 操作难度：★

野山椒煮鸡胗

TIME 25分钟

菜品特点

肉片细嫩
味浓香醇

软炸崂山鸡

TIME 15分钟

菜品特点
软嫩香松

○ **主料：** 崂山鸡胸肉 250 克
○ **配料：** 湿菱粉 100 克，辣椒酱 30 克，鸡蛋 1 个，猪油 15 克，黄酒 10 克，食盐 3 克，植物油适量，鸡精少许

操作步骤

①鸡胸肉用刀拍松，打大花刀，再切成块。

②黄酒、食盐、鸡精、猪油调入碗里，放入鸡块浸一下，再将鸡块放入打散的鸡蛋里裹上蛋液，最后放在湿菱粉内抓匀。

③锅中放植物油，烧至七成热，将鸡块逐一下入滚炸，并用筷子缓缓拨动。

④待鸡块表面变为深黄色时，捞出沥油，装盘，旁

边配以辣椒酱即可。

操作要领

菱粉不要抓得太多，否则不易炸制，且味道欠佳。

营养贴士

此菜是磷、铁、铜与锌的良好来源，并且富含多种维生素。

视觉享受：★★★ 味觉享受：★★★★ 操作难度：★★

醋焖鸡三件

TIME 90 分钟

菜品特点
酸咸味鲜
最宜佐酒

主料： 鲜鸡肫、鸡翅各 150 克，脱骨鸡爪 100 克

配料： 黄醋、剁椒各 50 克，猪油 35 克，料酒 20 克，葱花、姜末各 10 克，食盐 3 克，鸡精 2 克，湿淀粉少许

操作步骤

①鸡肫对半切开，撕去内筋，洗净，切成块；鸡翅、鸡爪洗净。

②鸡翅、鸡爪一起放入沸水中余过，投凉，沥水。

③鸡翅、鸡爪、鸡肫放入碗中，加入料酒、食盐、姜末，入笼蒸 1 小时，至质地柔软时取出。

④炒锅放入熟猪油，烧至六成热时倒入鸡三件、蒸鸡原汁、剁细的剁椒，焖 2 分钟，再放入黄醋、鸡精、葱花，用湿淀粉勾芡，出锅装盘即成。

操作要领

如果买不到脱骨鸡爪，也可选用带骨鸡爪。

营养贴士

此菜具有壮阳壮腰、补血益气、提高免疫力的功效。

主料： 鸡腿 500 克，香橙 1 个

配料： 淀粉 25 克，白糖 20 克，柠檬汁 10 克，姜末 15 克，食盐 3 克，植物油适量，胡椒粉、香油各少许

操作步骤

①鸡腿洗净，去骨、皮后切丁，用食盐、淀粉、胡椒粉抓匀，腌渍 15 分钟；橙子榨汁，加柠檬汁、白糖调成汁。

②油锅烧热，滑入鸡肉，待鸡肉变色后捞出控油。

③锅中留底油，炒香姜末，倒入鸡肉丁翻炒 1 分钟，倒入甜酸汁烧开。

④待汤汁浓稠后，滴入香油炒匀即可。

操作要领

鸡肉也可用淀粉抓匀以保持鲜嫩口感；热锅温油倒入鸡肉后应快速滑开鸡肉。

营养贴士

此菜营养丰富，有滋补养身的功效。

视觉享受：★★★★ 味觉享受：★★★★ 操作难度：★★

鲜橙鸡丁

TIME 30 分钟

菜品特点
肉质细嫩
鲜美可口

干锅辣子鸡

视觉享受：★★★
味觉享受：★★★★
操作难度：★★★

TIME 30分钟

菜品特点

香辣爽口

➡ **主料**：仔鸡（已处理）1只

➡ **配料**：青椒、红椒、泡椒各30克，姜片、蒜片各15克，老抽、生抽各15克，食盐3克，植物油适量，香油、熟花生米各少许

操作步骤

①仔鸡洗净，剁成小块，凉水入锅，焯去血水，捞出冲净浮沫，上蒸锅大火蒸15分钟；青椒、红椒洗净，切段；泡椒剁细。

②锅中入油烧至六成热，放入泡椒、姜片、蒜片、青椒、红椒炒出香味，加入蒸好的鸡块继续翻炒。

③放食盐、老抽、生抽调味，翻炒均匀后，倒入蒸鸡出来的汤焖1分钟。

④炒好的鸡肉移入干锅，撒花生米，淋香油，食

用时用固体酒精加热即可。

操作要领

鸡蒸过后，盘中会有些汤，要保留备用。

营养贴士

鸡肉性温，多食容易生热动风，因此不宜过食。

视觉享受：★★★　味觉享受：★★★★　操作难度：★★

香酥鸡丁

TIME 40 分钟

菜品特点

外酥里嫩

主料： 鸡柳 300 克

配料： 青杭椒、红杭椒各 1 个，香炸粉 100 克，鸡蛋 1 个，米酒 20 克，生抽 15 克，蒜片 15 克，白胡椒粉少许，食盐 5 克，植物油适量

操作步骤

①鸡柳洗净控水，切成丁状，加入米酒、白胡椒粉、生抽、少许食盐抓匀，腌渍 30 分钟；青杭椒、红杭椒洗净，切圈。

②鸡蛋打散，与香炸粉搅打均匀，做成炸浆，将鸡丁均匀地裹上炸浆，放入盘中。

③锅中放多些油，七成热时下入鸡丁以中火炸至金黄色，捞起控油。

④锅中留少许底油，油热后下入青、红杭椒圈以及蒜片炒香，再下入炸好的鸡丁炒匀，即可出锅。

操作要领

鸡丁要切得大小均一，否则不易炸匀炸透。

营养贴士

鸡肉具有补虚亏、健脾胃、强筋骨的功效。

主料： 熟鸡肝 150 克，黄瓜 100 克

配料： 辣椒油、生抽、香醋各 15 克，蒜末、姜末各 10 克，麻油 5 克，食盐 2 克，鸡精少许

操作步骤

①熟鸡肝切成片；黄瓜洗净，切片。

②配料放入小碗内，调成酱汁。

③黄瓜和鸡肝放在盘中，淋入酱汁拌匀，摆盘即可。

操作要领

熟鸡肝中已经有盐分，所以一定要少放盐。

营养贴士

肝中具有一般肉类食品不含的维生素 C 和微量元素硒，能增强人体的免疫反应、抗氧化、防衰老，并能抑制肿瘤细胞的产生。此外，适量进食动物肝脏可使皮肤红润，有益于皮肤健康生长。

视觉享受：★★★　味觉享受：★★★★　操作难度：★★

黄瓜拌鸡肝

TIME 10 分钟

菜品特点

鸡肝软糯
黄瓜清香

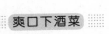

芽菜炒鸡丝

TIME 10分钟

视觉享受：★★★
味觉享受：★★★
操作难度：★★★

菜品特点

清爽味鲜

▶ **主料：** 烤鸡脯肉 250 克，绿豆芽 100 克

▶ **配料：** 嫩姜、红椒各 30 克，生抽 15 克，香醋 10 克，鸡精 3 克，食盐 2 克，香油适量，花椒粒少许

操作步骤

①烤鸡脯肉切成丝；绿豆芽掐去两头，洗净；嫩姜、红椒洗净，切成丝。

②锅中放入香油烧热，加入花椒粒炸出香味后捞出，加入姜丝炒香，再加入鸡丝、豆芽、红椒丝，烹入香醋、生抽、鸡精、食盐快速翻炒均匀，至豆芽无生味时，出锅入盘即可。

操作要领

一定注意要将豆芽炒至无生味，否则会影响口感。

营养贴士

鸡肉入肺胃肾经，有滋补、养胃、补肾、消水肿、止热痢、止咳化痰等作用。

山药胡萝卜鸡汤

视觉享受 ★★★　味觉享受 ★★★　操作难度 ★★

TIME 60分钟

菜品特点
汤鲜肉嫩
营养丰富

主料： 鸡肉 200 克，淮山药、胡萝卜各 50 克

配料： 食盐、料酒、鸡精各适量，葱丝、香菜叶各少许

操作步骤

①将鸡肉洗净剁块，在沸水里焯一下捞出；淮山药、胡萝卜分别去皮洗净，切成滚刀块。

②锅置火上，倒入水烧开，放入鸡肉，加料酒煮开，煮至鸡肉半熟，下入淮山药、胡萝卜煮至熟烂。

③加入食盐、鸡精调味，盛入碗中，点缀葱丝、香菜叶即可。

操作要领

加山药、胡萝卜前后均选用小火慢慢炖，这样才能使更多的营养进入到汤里面。

营养贴士

此菜具有温中益气、安五脏的功效。

主料： 凤爪（鸡爪）500 克

配料： 清汤 300 克，老抽、料酒各 50 克，番茄酱 25 克，白糖 15 克，姜片 10 克，食盐 3 克，植物油适量，鸡精少许

操作步骤

①凤爪去爪尖，清洗干净，放入碗中，加入一半老抽、料酒腌渍片刻。

②锅中置油烧热，将凤爪下锅炸至变色捞出，控油。

③锅底留油，将姜片炒香，下入凤爪、清汤，加食盐、老抽、料酒、番茄酱、白糖，调中火慢慢煮制、收汁，待汤汁浓稠，撒上鸡精拌匀即可。

操作要领

注意不要把凤爪炸得过干。

营养贴士

此菜含有丰富的钙质及胶原蛋白。

酱烧凤爪

视觉享受 ★★★　味觉享受 ★★★　操作难度 ★★

TIME 20分钟

菜品特点
营养丰富
酸甜可口

煳辣鸡胗

TIME 30分钟

视觉享受：★★★★
味觉享受：★★★★
操作难度：★★

菜品特点
煳辣爽口
下酒好菜

> **主料：** 鸡胗 300 克，藤椒、干辣椒段各适量
> **配料：** 香芹 30 克，米酒 25 克，姜片、蒜片各 15 克，生抽 15 克，老抽 10 克，食盐 3 克，植物油适量，鸡精少许

操作步骤

①将鸡胗表面的膜撕去，洗净备用；香芹洗净，切段。

②鸡胗对半切断，在其中一半，先横向切条状不要切断，再纵向切条状不要切断，打好花刀。

③切好的鸡胗，用生抽、老抽、米酒、少许食盐拌匀，腌渍 15 分钟。

④炒锅加植物油烧热，放入鸡胗滑熟，捞出控油。

⑤锅中留底油，放入姜片、蒜片、干辣椒段、藤椒

炒出香味，待干辣椒部分成棕黄色，放入鸡胗、香芹，调入食盐、鸡精、少许清水，炒至水分收干即可。

操作要领

干辣椒段一定要炒出略焦煳的味道。

营养贴士

此菜含有蛋白质、脂肪、B 族维生素等多种营养成分。

视觉享受：★★★★　味觉享受：★★★★　操作难度：★★

芋头烧仔鸡

TIME 40分钟

菜品特点
风味独特
色味俱佳

主料： 仔鸡半只，芋头 200 克

配料： 剁椒 30 克，料酒 30 克，生抽 15 克，老抽 10 克，姜片、蒜片各 10 克，冰糖 5 克，食盐 3 克，干辣椒段、植物油各适量，葱花少许

操作步骤

①仔鸡洗净用清水泡去血水，切成块，加入料酒、少许食盐腌 15 分钟；芋头去皮洗净，切滚刀块。

②炒锅热油，爆香姜片、蒜片、剁椒、干辣椒段，放入鸡块煸炒片刻至鸡肉变色，调入老抽、生抽、冰糖、适量食盐炒匀。

③倒入没过食材的温水，大火煮开再转中小火炖煮 15 分钟，放入芋头块，炖至软糯，大火收稠汤汁，撒入葱花即可。

操作要领

芋头含有淀粉，容易粘锅，要注意翻锅。

营养贴士

鸡肉有温中益气、补虚填精、健脾胃的功效。

主料： 嫩仔鸡（已处理）1 只

配料： 湿淀粉 100 克，熟花生米 50 克，蛋清 50 克，料酒 20 克，姜、葱各 15 克，白糖 8 克，食盐 5 克，鸡精 3 克，植物油适量，椒盐、香菜叶各少许

操作步骤

①熟花生米去皮，碾碎；葱、姜用刀背拍破。

②鸡肉洗净，去骨，用刀背捶松，切成 3 厘米见方的肉块，用料酒、食盐、白糖、葱、姜、鸡精腌约 1 小时，挑去葱和姜，再用蛋清、湿淀粉浆好，粘上碎花生米。

③炒锅内放植物油烧至六成热，将鸡块炸至金黄色，捞出控油。

④鸡块装入盘中，撒椒盐，点缀香菜即可。

操作要领

鸡块炸至上色后，要用微火炸使肉熟透，再用旺火炸至外皮金黄。

营养贴士

鸡肉蛋白质中富含全部必需氨基酸，属于优质的蛋白质来源。

视觉享受：★★★　味觉享受：★★★★　操作难度：★★★★

炸八块

TIME 80分钟

菜品特点
色泽金黄
外香里嫩

凉粉三黄鸡

观觉享受：★★★
味觉享受：★★★★
操作难度：★★

TIME 50分钟

菜品特点
肉质细嫩
滋味鲜美

> **主料：** 三黄鸡腿 2 个，豌豆凉粉 150 克
> **配料：** 剁椒 25 克，白醋 20 克，蜂蜜 15 克，柠檬汁 10 克，辣椒油 15 克，食盐 3 克，蒜末、熟花生碎各适量，香芹叶少许

操作步骤

①食盐、蜂蜜、柠檬汁调匀，制成酱汁；香芹叶洗净切碎。

②鸡腿洗净，剔除骨头，修整好，把酱汁均匀地涂抹在鸡腿上，鸡皮向外，卷成卷，用棉线扎紧。

③蒸锅烧开水，放入肉卷蒸 20 分钟至熟，取出晾凉。

④凉粉切成长片，铺在盘底，鸡肉卷切成段，摆在凉粉上，以剩余配料调成汁，浇在主料上，腌渍 15 分钟即可食用。

操作要领

鸡腿最好选比较大的，以方便卷成肉卷。

营养贴士

此菜具有抗衰养颜、促肠胃、保肝脏等多种功效。

54

视觉享受 ★★★ 味觉享受 ★★★★ 操作难度 ★★

芥蓝烩鸡丝

TIME 20分钟

菜品特点
鲜美清爽

● **主料：** 鸡脯肉 200 克，芥蓝 150 克

● **配料：** 清汤 400 克，淀粉 30 克，料酒 20 克，食盐 3 克，葱末、姜末、蒜末、植物油各适量，鸡精、胡椒粉、生粉各少许

操作步骤

①芥蓝用刀从根部剥皮，洗净，劈开，切成长约 5 厘米的条。

②鸡脯肉顺丝切成细长的条，装入碗中，加淀粉、料酒、少许食盐、少量水制成糊，涂抹在鸡脯肉上。

③锅中放多些植物油，下入鸡脯肉翻炒至变色，盛出控油。

④锅中留少许底油，加入葱末、姜末、蒜末爆锅，加入芥蓝、鸡脯肉、清汤，加盖焖煮 10 分钟，调入食盐、鸡精、胡椒粉，以生粉勾芡，待芡汁收厚，即可出锅。

操作要领

也可在汤中加入少许啤酒，增添美味。

营养贴士

鸡肉中富含维生素 B_{12}、维生素 B_6、维生素 A、维生素 D、维生素 K 等营养元素。

● **主料：** 三黄鸡半只

● **配料：** 泡辣椒 50 克，红油 15 克，白醋 20 克，蒜茸 15 克，食盐 5 克，葱段、姜片、料酒各适量，鸡精、麻油各少许

操作步骤

①三黄鸡在清水中浸泡一会儿，然后把血水冲洗干净。

②锅内加清水，放入姜片、葱段、适量食盐、料酒、鸡，大火烧开后改小火煮至鸡肉熟，捞出鸡放入凉开水中浸凉，取出沥干，切块。

③泡辣椒剁细，与剩余配料调匀，均匀地淋在切好的鸡段上，静置 15 分钟即可食用。

操作要领

夏季食用可包上保鲜膜，放入冰箱中冷藏 1 小时。

营养贴士

鸡肉是磷、铁、铜与锌的良好来源，并富含维生素。

视觉享受 ★★★ 味觉享受 ★★★★ 操作难度 ★★

糊涂鸡

TIME 1小时

菜品特点
肉质鲜美
辛香芳香

黑椒烤鸡肝

视觉享受：★★★★
味觉享受：★★★★
操作难度：★★

TIME 75分钟

菜品特点
鲜香美味
回味无穷

➡ **主料：** 鲜鸡肝300克
👉 **配料：** 洋葱100克，黄瓜、圣女果各适量，橄榄油30克，花雕酒25克，沙拉酱15克，黑胡椒粉3克，生姜粉5克，食盐3克，蒜泥少许

 操作步骤

①鸡肝洗净控水，切成块；洋葱洗净，切成条；黄瓜切片，与圣女果摆在盘边待用。

②鸡肝放入碗中，加入黑胡椒粉、花雕酒、生姜粉、食盐、橄榄油拌匀，腌渍1小时至入味。

③烤箱预热200℃，烤盘中以洋葱垫底放入鸡肝，刷一层腌肉汁，先烤3分钟，取出翻面刷上腌肉汁，再考3分钟即可。

④鸡肝放入盘中，撒上蒜泥，淋上沙拉酱即可食用。

操作要领

鸡肝容易熟，不可烤制太长时间。

👉 **营养贴士**

鸡肝中含有维生素C和微量元素硒，能增强人体的免疫反应。

视觉享受：★★★ 味觉享受：★★★★ 操作难度：★★

鸡丝芦笋汤

TIME 30分钟

菜品特点
肉质鲜嫩
芦笋甘甜

➡ **主料：** 鸡胸肉150克，芦笋80克，金针菇50克，嫩豆苗30克

👋 **配料：** 淀粉30克，料酒15克，食盐5克，鸡精少许

🔄 操作步骤

①鸡胸肉切成丝状，用少许食盐、料酒、淀粉拌匀，腌20分钟。

②芦笋洗净，去老皮，切成长段；金针菇去根洗净，沥干；豆苗摘取嫩心，洗净。

③鸡胸肉用开水烫熟，见肉丝散开捞起沥干。

④鸡胸肉丝、芦笋、金针菇放入砂锅内，加入清水同煮，待沸腾后加入食盐、鸡精、豆苗，汤再次沸腾即可起锅。

🔥 操作要领

制作时不可煮太长时间，以免丧失芦笋的美味。

👉 营养贴士

此汤营养很全面，具有醒脑、健肠胃的功效。

➡ **主料：** 仔公鸡半只，青杭椒50克

👋 **配料：** 酱油25克，姜片20克，蒜片、葱段各15克，花椒5克，食盐3克，植物油适量

🔄 操作步骤

①仔公鸡洗净，控干水，斩成小块；青杭椒洗净，斜切段。

②锅内放植物油烧热，下花椒、葱段炒出香味，下鸡块、姜片、蒜片大火炒至鸡肉发白亮油。

③调入水、酱油、食盐，加盖焖煮15分钟，加入青杭椒中火翻炒5分钟，待汤汁收干即可出锅。

🔥 操作要领

加水的量，以刚没过鸡块为准。

👉 营养贴士

此菜可增强淋巴细胞功能，从而提高机体抵御各种疾病的免疫力。

视觉享受：★★★ 味觉享受：★★★★ 操作难度：★★

辣椒焖鸡

TIME 25分钟

菜品特点
肉质鲜美
健康美味

烧鸡腿

TIME 50 分钟

菜品特点
滋味鲜美
口齿留香

▶ **主料**：鸡腿 3 个，熟松仁 30 克
▶ **配料**：低度白酒 100 克，蜂蜜、蚝油各 50 克，生抽 15 克，老抽 10 克，姜片、植物油各适量

 **操作步骤**

①鸡腿洗净，去骨，切段，加入蚝油、低度白酒、生抽、老抽、蜂蜜调匀，腌渍 30 分钟，取出备用；保留腌制鸡腿用的酱料，另用。

②锅中倒油，放入姜片煎出香味，捞出姜片，放入鸡肉，以鸡皮向下煎 2 分钟。

③倒入腌渍鸡肉用的酱料，加盖小火烧 2 分钟，翻面，继续烧 5 分钟，开盖转中火烧到鸡肉微焦熟透，大火收汁，撒入松仁即可。

 **操作要领**

在夏天制作时，可以包上保鲜膜放进冰箱冷藏，腌渍入味。

🍴 **营养贴士**

此菜富含维生素 B_{12}、维生素 B_6、维生素 A、维生素 D、维生素 K 等。

视觉享受：★★ 味觉享受：★★★ 操作难度：★★

水炒鸡茸菠菜

TIME 20分钟

菜品特点
制作简单
鲜香适口

主料： 菠菜 200 克，鸡胸肉 100 克

配料： 各色彩椒共 60 克，鸡蛋清 50 克，料酒 5 克，水淀粉 10 克，葱末、姜末各 8 克，食盐 3 克，胡椒粉、鸡精各少许

操作步骤

①鸡胸肉洗净，控干水分，加葱末、姜末、一半料酒、少许食盐、鸡蛋清，用料理机打成泥，做成鸡茸；各色彩椒洗净，切成小粒。

②菠菜去除根部及老叶，洗净，用开水焯熟。

③坐锅点火，倒适量水，水开后加食盐、鸡精、胡椒粉、剩余料酒、彩椒粒，用水淀粉勾芡，放入鸡茸和菠菜，煮熟后即成。

操作要领 ◄◄◄

菠菜焯水可以去除涩味。

营养贴士

鸡肉含有维生素 C、维生素 E 等，蛋白质的含量比例较高，种类多，而且消化率高。

主料： 鸡胸肉 100 克，绿豆芽 150 克，胡萝卜 50 克，榨菜丝 30 克

配料： 白醋 20 克，料酒 15 克，姜片 10 克，蒸鱼豉油、花椒油各 10 克，白糖 5 克，食盐 3 克，胡椒粉、鸡精、香油各少许，植物油适量

操作步骤 ►►►

①鸡胸肉洗净，控干水分，切成细丝，放入料酒、姜片、少许食盐腌渍 15 分钟。

②绿豆芽去掉头尾，洗净，胡萝卜洗净，切丝，分别放入加有少许食盐、植物油的开水中，焯烫至熟，捞出投凉，沥干水分。

③炒锅中放入适量植物油，待油热下入鸡丝滑熟，捞出控油，自然晾凉。

④所有主料放入盘中，加入剩余配料拌匀即可。

操作要领 ◄◄◄

豆芽焯水时，水中加入食盐、植物油，可以保持豆芽的清脆。

营养贴士

此菜含有磷、锌等矿物质，维生素类物质的含量也非常丰富。

视觉享受：★★★ 味觉享受：★★★ 操作难度：★

银芽鸡丝榨菜

TIME 20分钟

菜品特点
鲜美清爽

蒜香炸仔鸡

TIME 15分钟

视觉享受：★★★★★
味觉享受：★★★★★
操作难度：★★★★

菜品特点
外酥内嫩
干香咸鲜

➡ **主料：** 仔鸡 1 只

➡ **配料：** 面粉 150 克，蒜末 30 克，葱段 25 克，姜片 10 克，料酒、香油各 25 克，酱油 15 克，食盐 3 克，植物油适量

 操作步骤

①仔鸡洗净，去头、爪，斩成小块，放在碗内，加料酒、酱油、食盐、葱段、姜片、香油拌匀，腌渍 2 小时。

②面粉、蒜末、少许食盐、适量水拌匀成面糊，将鸡块均匀地裹上面糊。

③锅中放油烧至七成热时，将挂好糊的鸡块下入速炸 30 秒，改用中火炸 5 分钟，捞起。

④待锅内油温升高到八成热时，投入复炸 1 分钟，炸至外皮酥脆、金黄时，捞出控油即可。

🔥 **操作要领**

第二次复炸，时间一定要短，过长则容易焦煳。

🍴 **营养贴士**

鸡肉含有对人体发育有重要作用的磷脂类，是脂肪和磷脂的重要来源之一。

视觉享受：★★★ 味觉享受：★★★★ 操作难度：★

鲜花椒酱油鸡

TIME 50分钟

菜品特点
烧鲜味美

主料： 大鸡腿2个

配料： 酱油200克，鲜花椒30克，料酒30克，植物油20克，姜片、葱段各15克，沙姜10克，白糖10克，香油5克

操作步骤

①大鸡腿洗净，抹干水分，在鸡腿上斜剁几刀，以便于入味。

②鸡腿表面抹上一层料酒、酱油，腌渍15分钟。

③煮锅中加入酱油、200克水、鲜花椒、植物油、香油、白糖、沙姜、姜片、葱段，放入鸡腿煮制，其间翻动多次，煮约25分钟，见汤汁浓稠，熄火即可。

操作要领

本菜主要靠酱油提味，可以不放盐。

营养贴士

鸡肉和牛肉、猪肉比较，其蛋白质的质量较高，脂肪含量较低。

主料： 鸡胸肉200克，魔芋豆腐150克，双孢菇、鲜香菇各少许

配料： 猪油80克，香葱30克，鸡蛋清、淀粉各25克，鸡油、料酒各15克，食盐3克，鸡精2克，胡椒粉少许

操作步骤

①香葱洗净，切长段；双孢菇、鲜香菇去蒂，切薄片。

②鸡胸肉洗净，切丝，用鸡蛋清、淀粉、少许食盐调匀，浆好。

③魔芋豆腐洗净，切长条，下入冷水锅中烧开余过，捞出浸泡在凉开水中。

④锅内放入猪油烧至五成热，将鸡丝下入油锅，滑至八成熟，倒入漏勺内沥油。

⑤锅内留底油，下入香菇片、双孢菇片煸一下，加入料酒、食盐、鸡精、胡椒粉、蘑芋豆腐、鸡丝、适量水煮制，待汤汁快收干，用少许淀粉勾芡，加入葱段，淋入鸡油，盛入盘内即可。

操作要领

此菜用猪油比用植物油更能提味。

营养贴士

此菜能预防人体对糖、脂、胆固醇的过量吸收。

视觉享受：★★★★★ 味觉享受：★★★★★ 操作难度：★★★★

鸡丝魔芋豆腐

TIME 20分钟

菜品特点
膳食合理
美味营养

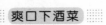

泡椒凤爪

30分钟

视觉享受：★★★
味觉享受：★★★★★
操作难度：★★★

菜品特点
酸辣开胃

▶ **主料**：鸡爪 500 克，泡椒 100 克

▶ **配料**：江米酒 30 克，干辣椒 25 克，小米椒 20 克，白糖 15 克，花椒 5 克，食盐、鸡精各 3 克，香料（大料、茴香、香叶、桂皮）适量，西芹少许

操作步骤

①鸡爪去爪尖，洗净；西芹洗净，斜切段；干辣椒、花椒、香料用纱布包好，制成香料包。

②锅置中火上，倒清水烧开至沸，放入香料包，煮一会儿，倒出晾冷，制成卤水。

③鸡爪用沸水汆烫断生，捞出投凉。

④卤水内加食盐、鸡精、白糖、江米酒、泡椒、小米椒调和均匀，放入西芹、鸡爪，一起泡制 4~6

小时即可。

操作要领

鸡爪一定要煮熟断生。

营养贴士

鸡爪中含有较多的胶原蛋白，常吃对皮肤有好处。

黄芪蒸乳鸽

TIME 50分钟

菜品特点

肉质细嫩
鲜香美味

视觉享受：★★★ 味觉享受：★★★ 操作难度：★★

主料： 乳鸽1只，黄芪30克

配料： 黄酒30克，姜片15克，干香菇10克，食盐3克，枸杞少许

操作步骤

①黄芪、枸杞放入砂锅中，加400克水煮15分钟，关火；香菇泡发，洗净后切小块。

②鸽子洗净，切成小块，装入碗内，放入黄酒、食盐、姜片，拌匀。

③将煮好的汤汁浇到鸽肉中，蒸笼水开后，放入蒸25分钟，即可取出。

操作要领

加入煮过的黄芪汤汁，能够防止鸽子肉变干。

营养贴士

此菜具有大补元气、健脾益胃的功效，适用于中气虚弱、体倦乏力、表虚自汗等症状。

主料： 乳鸽1只

配料： 面粉100克，蛋清50克，米醋30克，白糖30克，老抽25克，料酒20克，生抽15克，葱花10克，食盐3克，植物油适量

操作步骤

①鸽子洗净，剁小块，冲去血水，沥干，放入碗中，加入老抽、料酒、少许食盐腌渍15分钟。

②面粉、蛋清、少许食盐、水拌匀成面糊，将乳鸽块裹上面糊，下入油锅中炸至定型，捞出控油。

③锅中留少许底油，下入葱花煸出香味，放入乳鸽块，加入生抽、少许开水，再倒入米醋、白糖翻匀，加盖改小火焖15分钟。

④调入食盐，改大火收至汤汁浓稠，全部包裹在乳鸽块上即可。

操作要领

乳鸽不要炸太长时间，以免失去水分。

营养贴士

此菜具有较佳的健脑、抗衰功效。

炒妙龄乳鸽

TIME 40分钟

菜品特点

酸甜美味

视觉享受：★★★ 味觉享受：★★★★ 操作难度：★★

姜糖鸡脖

TIME 40 分钟

菜品特点
咸味浓郁
咸甜适中

视觉享受: ★★★
味觉享受: ★★★★
操作难度: ★★

📥 **主料:** 鸡脖 300 克

🍴 **配料:** 大枣 3 个,柠檬 1 片,姜片 20 克,红糖 15 克,蒜片 10 克,白酒 8 克,食盐 3 克,植物油适量

🔄 操作步骤

①鸡脖洗净放入锅中,加蒜片、一半姜片、适量清水,中火煮 10 分钟,取出稍晾凉。

②煮好的鸡脖去除鸡皮,切成段。

③炒锅放植物油烧热,下入鸡脖小火煸至微黄,放入红糖炒匀,加水没过鸡脖,放入剩余姜片、大枣煮开后小火炖 15 分钟,倒入白酒,挤少许柠檬汁,加入食盐炒匀,出锅装盘,点缀柠檬片即可。

💧 操作要领

鸡脖在煸炒和炖时都要用小火,以利于入味。

☞ 营养贴士

鸡脖具有护心、健脑、明目、壮骨的功效,可以提高免疫力,有益心血管健康。

视觉享受：★★★　味觉享受：★★★★　操作难度：★★

脆椒鸭丁

TIME 15分钟

菜品特点

香辣可口

● **主料：** 鸭胸肉300克，干辣椒、熟花生仁各50克

● **配料：** 剁椒15克，姜、大蒜适量，生抽10克，食盐3克，植物油适量，鸡精少许

🔁 操作步骤

①鸭胸肉洗净，切小丁；干辣椒切段；姜、大蒜切末。
②炒锅置火上，放植物油烧热，加入姜末、蒜末、干辣椒段、花生仁炒出香味，放入鸭胸肉翻炒2分钟，再加入剁椒翻炒至鸭胸肉熟，放入生抽、食盐、鸡精炒匀即可出锅。

🔥 操作要领

在制作时，鸭肉下锅后要用旺火翻炒。

☞ 营养贴士

此菜营养丰富，具有抗衰老的功效。

● **主料：** 乳鸽1只

● **配料：** 面粉150克，鸡蛋清50克，蒜苔30克，蒜末、姜末各15克，料酒20克，生抽10克，食盐3克，鸡精2克，植物油适量，葱花、红椒丝各少许

🔁 操作步骤

①乳鸽洗净，斩成略大的块；蒜苔洗净，切段。
②面粉、鸡蛋清、少许食盐加水调成面糊，放入鸽肉块均匀挂糊，再放入七成热的油锅中炸至表面金黄，捞出控油。
③锅中留少许底油，六成热时下入蒜末、姜末、蒜苔段炒香，下入鸽肉块炒匀。
④烹入料酒、生抽，调入食盐、鸡精，继续翻炒1分钟，撒入葱花炒匀，出锅装盘，点缀红椒丝即可。

🔥 操作要领

如果喜欢吃麻辣，可放入麻椒、干辣椒烹制。

☞ 营养贴士

鸽肉中含有丰富的泛酸，对脱发有一定疗效。

视觉享受：★★★　味觉享受：★★★★　操作难度：★★

炸烹乳鸽

TIME 30分钟

菜品特点

香酥味美

盐水鸽胗

TIME 65 分钟

菜品特点
咸鲜肉嫩
味道鲜美

视觉享受：★★★
味觉享受：★★★★
操作难度：★★

> **主料：** 鸽胗 500 克
> **配料：** 黄酒 50 克，葱段、姜片各 15 克，白糖 15 克，花椒 10 克，大料 5 克，食盐 5 克，桂皮 3 克，鸡精适量，香叶少许

操作步骤

①将鸽胗清洗干净，放入凉水锅中，大火烧开，再转小火煮 30 分钟。

②盆中放入葱段、姜片、花椒、桂皮、香叶、大料，再放入食盐、白糖、鸡精、黄酒，倒入热水，制成盐水。

③煮好的鸽胗放进盐水中，腌渍 30 分钟，即可食用。

操作要领

煮鸽胗的时候一定要冷水下锅。

营养贴士

鸽胗含有胃激素、氨基酸等成分，有增加胃液分泌量和胃肠消化能力、加快胃的排空速率等功效。

66

视觉享受：★★★★★ 味觉享受：★★★★★ 操作难度：★★★★

清炖鸽子汤

TIME 90 分钟

菜品特点
肉质鲜嫩
温补佳品

➡ **主料：** 鸽子 1 只，鲜香菇 2 朵，木耳 10 克，铁棍山药 50 克

👍 **配料：** 红枣 30 克，料酒 20 克，姜片、葱段各 15 克，食盐 3 克，枸杞少许

🔄 操作步骤

①鲜香菇洗净，切片；木耳泡发，撕小朵；铁棍山药去皮洗净，切片。
②锅中烧开水，水中加料酒，放入鸽子，去血水去沫，捞出待用。
③砂锅放水加热至沸腾，放入姜片、葱段、红枣、香菇、鸽子，转小火炖 1 小时。
④放入枸杞、木耳、山药，再炖 20 分钟至主料熟透，加食盐调味即可。

👌 操作要领

可根据自己喜好加减辅料，但最好不要影响汤汁的清淡。

👉 营养贴士

鸽子是营养价值极高的美味佳肴，经常食用具有改善缺铁性贫血、增强记忆力等功效。

➡ **主料：** 鸭肝 250 克，黄瓜 100 克，胡萝卜 50 克

👍 **配料：** 醋 30 克，生抽 15 克，葱段 10 克，姜末、蒜末各 8 克，花椒 5 克，食盐 3 克，辣椒油适量，草果少许

🔄 操作步骤

①鸭肝洗净，放入开水里焯一下，再放入加有花椒、草果、葱段的温水锅里煮 5 分钟，再盖上盖子焖 15 分钟至熟，捞出投凉，控干水分。
②黄瓜、胡萝卜洗净切片，胡萝卜放到沸水锅中焯一下，捞出过冰水，控干水分；鸭肝切片。
③黄瓜、胡萝卜、鸭肝放入碗中，加入剩余配料拌匀即可。

👌 操作要领

鸭肝焯一下水，有利于去除血水及杂质。

👉 营养贴士

鸭肝具有营养保健功能，是理想的补血佳品。

视觉享受：★★★ 味觉享受：★★★★ 操作难度：★★

凉拌鸭肝

TIME 25 分钟

菜品特点
肉质细嫩
味道鲜美

四季豆鸭肚

视觉享受：★★★★
味觉享受：★★★★
操作难度：★★

TIME 15分钟

菜品特点
肉质紧密
紧韧耐嚼

🡒 **主料：** 熟鸭肚 150 克，四季豆 200 克

🡒 **配料：** 生抽 20 克，干辣椒段 15 克，豆豉酱 10 克，葱花 10 克，蚝油 5 克，食盐 3 克，植物油适量，鸡精少许

操作步骤

①熟鸭肚切段；四季豆择好洗净，切段。

②锅中烧开水，加入少许食盐，下入四季豆焯熟，捞出控水。

③炒锅倒入植物油，烧热后下葱花、干辣椒段、豆豉酱炒出香味，下入四季豆、鸭肚翻炒均匀，调入生抽、蚝油、食盐、鸡精，翻炒均匀即可。

操作要领

四季豆不易入味，焯水的时候最好加些食盐。

营养贴士

鸭肚的主要营养成分有碳水化合物、蛋白质、脂肪、维生素 C、维生素 E 和钙、镁、铁、钾等矿物质。

68

仔姜蛰皮拌鸭丝

视觉享受：★★★ 味觉享受：★★★ 操作难度：★

TIME 10分钟

菜品特点
鲜香美味
营养全面

主料： 熟熏鸭200克，海蜇皮100克，青椒、仔姜各50克

配料： 生抽15克，料酒10克，白糖8克，花椒油、香油各5克，香醋适量，鸡精少许

操作步骤

①鸭去骨，切成5厘米长、1厘米宽的粗丝；仔姜去皮，青椒洗净，均切细丝。

②海蜇皮用水浸泡半天，切丝。

③生抽、白糖、料酒、香醋、鸡精、花椒油、香油放入小碗内，调匀。

④鸭肉、海蜇、青椒、仔姜丝放入碗中，淋入调料汁，拌匀即可。

操作要领

鸭肉、海蜇皮本身有咸味，此菜可以不放盐。

营养贴士

鸭的营养价值很高，鸭肉中的蛋白质含量为16%~25%，比畜肉含量高得多。

主料： 板鸭300克，土豆200克

配料： 鲜汤300克，泡椒45克，茶油、生抽各15克，姜末10克，蒸鱼豉油5克，鸡精3克，食盐2克，葱花少许

操作步骤

①板鸭入笼中大火蒸1小时至熟透，取出放凉，切成厚片，入沸水中大火汆1分钟，捞出控水。

②土豆去皮洗净，切成片；泡椒剁细。

③锅入茶油，烧至七成热时放入泡椒、姜末小火煸香，放入土豆、板鸭小火翻炒2分钟，入鲜汤小火烧至土豆熟，加食盐、鸡精、生抽、蒸鱼豉油调味，大火收汁至汤浓稠，点缀葱花即可。

操作要领

板鸭一定要选用老鸭制作而成的。

营养贴士

鸭肉中含有较为丰富的烟酸，它是构成人体内两种重要辅酶的成分之一。

板鸭煮土豆

视觉享受：★★★★★ 味觉享受：★★★★★ 操作难度：★★★★

TIME 80分钟

菜品特点
清香美味
鸭香浓郁

脆皮麻鸭

TIME 100分钟

菜品特点
色泽红艳
肉质细嫩

视觉享受：★★★★★
味觉享受：★★★★★
操作难度：★★★★

🔴 **主料：** 麻鸭（已处理）1只

🔵 **配料：** 饴糖50克，料酒30克，香油20克，葱段、姜片各15克，醋15克，食盐、淀粉各10克，大料、陈皮、甘草、花椒各5克，植物油适量，胡椒粉少许

🍳 操作步骤

①葱段、姜片、大料、陈皮、甘草、花椒用布包好，放入锅中，加食盐、胡椒粉和足够的水，在旺火上煮1小时。

②取出香料包，放入洗净的麻鸭，使鸭身浸没在汤内，煮熟捞出，晾干。

③碗中放入饴糖、料酒、醋、淀粉调成糊状，均匀涂在鸭身上，吹干或烘干，再抹一层香油。

④在温油锅中将油用勺灌入鸭腹腔内，倒出，如此反复多次，使鸭腔内温度升高，再用沸油淋浇鸭全身，至皮脆止，趁热斩成块即成。

🥄 操作要领

饴糖酱汁不要涂得太厚，只要涂没毛孔即可。

👉 营养贴士

鸭肉富含B族维生素和维生素E，能够抗衰老。

手撕鸭脯

视觉享受：★★★　味觉享受：★★★　操作难度：★

TIME 10分钟

菜品特点
酸辣清爽
消食开胃

主料： 盐水鸭脯 250 克，酸白菜 150 克

配料： 红椒 30 克，蒜末、姜末、香葱花各 15 克，辣椒油、生抽各 15 克，白糖 10 克，香醋适量，鸡精、胡椒粉各少许

操作步骤

①酸白菜用清水投洗 1 遍，挤干水分，切丝；红椒洗净，切细丝。

②盐水鸭脯顺着肉质纹理，撕成肉丝。

③酸白菜、鸭脯、红椒丝放入大碗中，加入剩余配料拌匀，盛入盘中即可。

操作要领

酸白菜梗如太咸，可用温滚水浸 30 分钟，再过 1 遍清水，咸味便会淡化。

营养贴士

此菜具有大补虚劳、滋五脏之阴、清虚劳之热、补血行水的功效。

主料： 咸鸭 350 克，香芋 200 克

配料： 酱油 20 克，姜片、葱段各 10 克，白糖 8 克，麻油 5 克，植物油适量，胡椒粉少许

操作步骤

①香芋去皮洗净，切厚块，放入油锅中略炸 1 分钟，捞出控油；咸鸭洗净，切块。

②锅中放植物油烧热，爆香葱段、姜片，加入鸭块翻炒 2 分钟，加水焖煮至八成熟，再加入香芋、胡椒粉、白糖、麻油、酱油，转中小火焖煮至熟，转大火收汁即可。

操作要领

咸鸭里面含有盐分，此菜是否加盐视个人口味而定。

营养贴士

《本草纲目》记载：鸭肉"主大补虚劳，最消毒热，利小便，除水肿，消胀满，利脏腑，退疮肿，定惊痫。"

香芋焖咸鸭

视觉享受：★★★　味觉享受：★★★★　操作难度：★★

TIME 25分钟

菜品特点
咸香可口
鲜味十足

腰果五彩鸭丁

视觉享受：★★★
味觉享受：★★★★
操作难度：★★

TIME 25分钟

菜品特点
色泽亮丽
味道香甜

○ **主料：** 鸭脯 200 克，熟腰果、青豆、胡萝卜、红椒各 50 克

○ **配料：** 葱白 30 克，料酒 25 克，水淀粉、生抽各 15 克，白糖 10 克，食盐 3 克，干辣椒段、植物油各适量，鸡精、胡椒粉各少许

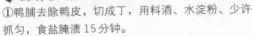

操作步骤

①鸭脯去除鸭皮，切成丁，用料酒、水淀粉、少许抓匀，食盐腌渍 15 分钟。

②胡萝卜洗净，切小丁；红椒洗净，切小块；葱白斜切段。

③锅中加入植物油，油热后，放葱段、干辣椒段爆香，放入鸭脯肉翻炒至变色。

④下入青豆、胡萝卜、红椒，调入生抽、白糖、食

盐、鸡精、胡椒粉及少许水，大火翻炒均匀，待汤汁快收干下入腰果，翻炒均匀即可。

操作要领

制作此菜，也可以选择其他颜色不同的食材。

营养贴士

鸭脯肉蛋白质含量约 15%，比畜肉含量高得多。

红油拌鸭掌

视觉享受：★★★ 味觉享受：★★★ 操作难度：★

TIME 15分钟

菜品特点
清爽开胃
鲜嫩可口

▶ **主料：** 鸭掌 300 克，黄瓜 150 克

▶ **配料：** 大蒜 2 瓣，香醋 15 克，辣椒油 10 克，香油 5 克，白糖 5 克，食盐 3 克，鸡精少许

操作步骤

①黄瓜洗净，切成片；蒜瓣切成末。

②将鸭掌切开，放入沸水锅中烫煮至熟后捞出，待冷却后去骨、去筋。

③黄瓜片、鸭掌、蒜末及调味料一同搅拌均匀，浸腌约 10 分钟，至味浸入鸭掌中即可食用。

操作要领

如果是夏季食用，可放入冰箱中冷藏 30 分钟，更加凉爽消暑。

营养贴士

从营养学角度讲，鸭掌多含蛋白质，低糖，少有脂肪，所以可以称鸭掌为绝佳减肥食品。

▶ **主料：** 鸭胗 250 克，干木耳 30 克，青椒、香芹各 50 克

▶ **配料：** 红泡椒 30 克，料酒 30 克，生抽 20 克，淀粉 15 克，姜片 10 克，食盐 3 克，植物油适量，鸡精少许

操作步骤

①鸭胗洗净切片，用料酒、少量的食盐拌匀，腌渍 20 分钟，加淀粉拌匀。

②木耳泡发洗净，撕成小朵；青椒洗净，切条；香芹洗净，切段；红泡椒切段。

③炒锅中放入植物油烧热，下红泡椒、姜片炒香，加入鸭胗，翻炒至变色，下入青椒、木耳、香芹炒匀，调入食盐、生抽、鸡精，翻炒至熟即可。

操作要领

鸭胗用淀粉抓匀，可让肉质更鲜嫩。

营养贴士

鸭胗含有丰富的铁、锌等微量元素和维生素 A、维生素 B₂、维生素 D 等。

泡椒炒鸭胗

视觉享受：★★★ 味觉享受：★★★ 操作难度：★★

TIME 30分钟

菜品特点
制作简单
风味独特

辣豆豉鸭头

视觉享受：★★★
味觉享受：★★★★
操作难度：★★

TIME 60分钟

菜品特点
鲜香美味
色泽红亮

▶ **主料：** 鸭头 500 克

▶ **配料：** 卤水 700 克，小米椒 30 克，酱油、料酒各 30 克，豆豉酱、香辣酱各 25 克，姜片、葱段各 15 克，花椒粉 5 克，植物油适量，花生米碎、香油各少许

🍲 操作步骤

①鲜鸭头洗净，控干水分，切成两半，用料酒、姜片、葱段腌约 15 分钟，用卤水小火卤 30 分钟；小米椒洗净，切粒。

②炒锅上火，放入植物油烧至七成热，入豆豉酱、香辣酱、花椒粉、小米椒炒出香味。

③倒入鸭头翻炒 2 分钟，加入酱油调味，撒花生米碎翻匀，淋上香油，起锅装盘即可。

🔥 操作要领

鸭头最好经过料酒、姜片等腌渍，否则会有肉腻腥味。

📖 营养贴士

此菜具有益气补虚、降血脂以及养颜美容等功效。

74

干锅鸭头

视觉享受：★★★ 味觉享受：★★★★ 操作难度：★★★

TIME 70分钟

菜品特点
香鲜美味
回味十足

● **主料：** 鸭头 300 克，红彩椒、青椒、藕各 50 克

● **配料：** 卤汤 500 克，小红灯笼椒 30 克，料酒 30 克，香辣酱、香菇酱各 25 克，姜末、葱段、蒜片各 20 克，花椒 10 克，食盐 5 克，干辣椒段、红油各适量

🥢 操作步骤

①鸭头洗净，加姜末、食盐、料酒拌匀，腌渍约 1 小时，再焯水打去浮沫，捞出再次洗净，放入卤汤内卤熟。

②红彩椒、青椒洗净，切条；藕洗净，切片。

③炒锅中放入红油烧热，放入葱段、蒜片、花椒、干辣椒段炒香，放入鸭头、香辣酱、香菇酱、小红灯笼椒炒出香味，放入其他主料炒制起锅，倒入干锅中。

④干锅下点燃固体酒精，待烧热后即可食用。

🔥 操作要领

一定要经腌渍、焯水后再卤，否则腥味很重。

👉 营养贴士

此菜能够去湿开胃，四季可食，具有理气、舒血、滋补的功效。

● **主料：** 鸭掌 300 克，青椒、红椒各 50 克，胡萝卜、绿豆芽各 30 克

● **配料：** 卤水 500 克，姜末、蒜末各 10 克，鸡精 5 克，食盐 3 克，植物油适量

🥢 操作步骤

①鸭掌洗净，入沸水锅中余 2 分钟，捞出洗净。

②鸭掌入烧沸的卤水中小火卤 10 分钟，取出去骨，鸭掌肉切丝。

③青椒、红椒、胡萝卜洗净，切丝；绿豆芽去头、尾，洗净。

④锅中加入植物油烧热，放入姜末、蒜末爆香，入绿豆芽、辣椒丝、胡萝卜丝、鸭掌丝大火炒熟，用食盐、鸡精调味后出锅装盘即可。

🔥 操作要领

鸭掌去骨时留下脆嫩的部分更添菜肴的鲜脆之感。

👉 营养贴士

此菜对内分泌系统疾病有辅助治疗的作用。

视觉享受：★★★ 味觉享受：★★★ 操作难度：★

小炒鸭掌丝

TIME 20分钟

菜品特点
色泽鲜艳
营养美味

芝麻鸭

TIME 50 分钟

菜品特点
外酥里嫩
香而不腻

视觉享受：★★★
味觉享受：★★★★
操作难度：★★

- **主料：** 净肥鸭 1 只
- **配料：** 鸡蛋 2 个，面粉 50 克，食盐 10 克，葱段 8 克，姜丝 5 克，砂仁、豆蔻各 3 克，丁香 1 克，培根条、黑芝麻、料酒、植物油各适量。

操作步骤

①鸡蛋磕入碗中打散，加入面粉搅匀成鸡蛋糊。

②净鸭用食盐、料酒搓匀内外，放入大盘中，在鸭上放葱段、姜丝、砂仁、豆蔻、丁香，入笼蒸 40 分钟至肉熟烂，取出去调料，剔骨，切成大块，挂上鸡蛋糊。

③在鸭肉面粘上黑芝麻、培根条，再裹一层鸡蛋糊，入六成熟的油锅炸黄捞出，改刀成小块，装盘即成。

操作要领

如果觉得去骨麻烦，也可选择鸭胸肉。

营养贴士

此菜对心肌梗死等心脏疾病具有一定的预防作用。

视觉享受：★★★　味觉享受：★★★　操作难度：★

韭菜炒鸭肠

TIME 15分钟

菜品特点
柔嫩清淡
咸鲜可口

主料： 鸭肠 250 克，韭菜 100 克，胡萝卜 50 克

配料： 料酒 20 克，生抽 15 克，姜丝 10 克，香油 5 克，食盐 3 克，植物油适量，白糖、鸡精各少许

操作步骤

①将鸭肠洗净切条，放入沸水锅内汆烫后，捞出过凉水，沥干待用。

②韭菜洗净，切段；胡萝卜洗净，切成粗丝。

③起锅热植物油，爆香姜丝，放入胡萝卜丝，再加入韭菜、食盐、鸡精、白糖、料酒、生抽用旺火翻炒。

④待韭菜软化后加入鸭肠拌炒匀，淋入香油即成。

操作要领

鸭肠汆水时间不能过长，否则将失去鲜嫩口感。

营养贴士

鸭肠对人体新陈代谢、神经、心脏、消化和视觉的维护都有良好的作用。

主料： 熟板鸭肉 250 克

配料： 嫩姜 30 克，红椒、剁椒各 20 克，蒜末 15 克，生抽 10 克，白糖 10 克，麻油 5 克，植物油适量，花椒粉少许

操作步骤

①鸭肉切成长 6 厘米、粗 0.5 厘米的丝；嫩姜刮洗干净，切丝；红椒洗净，切成长细丝；剁椒剁细成末。

②炒锅置于火上，放入植物油烧至四成热，下入剁椒、蒜末炒出香味，放入花椒粉、鸭丝、嫩姜丝、白糖、麻油、生抽，迅速翻炒均匀，出锅前加入红椒丝，翻炒均匀后起锅装盘即可。

操作要领

鸭肉宜选用色好、味鲜香的板鸭的脯肉或腿肉进行加工。

营养贴士

此菜适宜体质虚弱、食欲不佳、水肿等人群食用。

视觉享受：★★★　味觉享受：★★★★　操作难度：★

香辣鸭丝

TIME 10分钟

菜品特点
咸鲜香辣

酥炸鸭肉球

TIME 35分钟

视觉享受：★★★★
味觉享受：★★★★
操作难度：★★

菜品特点
外香内滑
佐酒佳肴

> **主料：** 鲜鸭脯肉 300 克
> **配料：** 千岛酱 50 克，面包糠 50 克，蛋清 50 克，生粉 30 克，绍酒 10 克，食盐 5 克，鸡精 3 克，植物油适量，胡椒粉、香油少许

操作步骤

①鸭脯肉洗净，用刀剁成泥状，加食盐、鸡精、香油、胡椒粉、绍酒、一半蛋清、生粉，朝一个方向搅拌至起胶。

②鸭脯肉做成大小均匀的鸭肉球，裹上一层生粉，再裹蛋清，粘上面包糠待用。

③锅中放植物油烧热，将做好的鸭肉球入锅浸炸，至呈金黄色时捞出，食用时配以千岛酱即可。

操作要领

鸭脯肉泥一定要充分搅拌至起胶，否则不易定型。

营养贴士

此菜具有抗心律失常、保护心肌的功效。

视觉享受：★★ 味觉享受：★★★★ 操作难度：★★

剁椒蒸鸭血

TIME 35 分钟

菜品特点
鲜嫩爽口
蒸味飘香

主料： 鸭血 300 克

配料： 剁椒、酸辣椒各 50 克，绍酒 20 克，蒜末 10 克，食盐 3 克，植物油适量，胡椒粉、五香粉、香葱花、鸡精各少许

操作步骤

①鸭血切块，加入适量食盐、胡椒粉、五香粉、绍酒腌渍 30 分钟；酸辣椒切成碎末。
②锅中置油烧热，放入蒜末煸炒出香味，再放入酸辣椒、剁椒炒香，加剩余食盐、鸡精调味。
③将煸好的佐料倒在腌好的鸭血上，上蒸锅蒸 10 分钟出锅，撒上香葱花即可。

操作要领

鸭血蒸制时间不要过长，否则会发老，影响口感。

营养贴士

此菜有开胃、清肺的功效。

主料： 鹅脯肉 200 克，鲜香菇 2 朵，小油菜 80 克

配料： 青、红椒片各 30 克，蛋清 25 克，淀粉 20 克，白糖 15 克，料酒、酱油各 15 克，葱花、姜丝各 10 克，食盐 3 克，植物油适量，鸡精少许

操作步骤

①鹅脯肉洗净，切成片，加适量食盐、蛋清、淀粉拌匀，腌渍 10 分钟。
②鲜香菇洗净，切片；小油菜择好，放入加有食盐的沸水中焯熟，垫在盘底。
③炒锅放油，油热放入葱花、姜丝炒香，下酱油、白糖炒至红亮，再倒入鹅脯肉、香菇炒熟，加入料酒、食盐、鸡精、青椒片、红椒片略炒，出锅盛在小油菜上即可。

操作要领

焯小油菜时，水中放入植物油能使其颜色更翠绿。

营养贴士

此菜适宜身体虚弱、气血不足、营养不良的人群食用。

视觉享受：★★★ 味觉享受：★★★ 操作难度：★★

酱爆鹅脯

TIME 20 分钟

菜品特点
烧鲜美味

香芋蒸鹅

视觉享受: ★★★
味觉享受: ★★★★
操作难度: ★★

菜品特点
芋头绵糯
肉质鲜嫩

主料: 鹅肉 300 克, 芋头 200 克

配料: 玫瑰露酒 50 克, 料酒 30 克, 酱油 15 克, 鱼露 10 克, 食盐 5 克, 姜片、植物油各适量, 冰糖少许

 操作步骤

①芋头去皮, 洗净切块, 放入油锅煎一下, 取出后铺在盘底; 鹅肉洗净控干, 切小块, 用食盐、姜片、料酒腌 1 小时。

②锅内放植物油烧热, 下入鹅肉, 两面微煎, 然后放酱油、鱼露、玫瑰露酒、冰糖以及适量水, 大火煮 10 分钟。

③煮好的鹅肉放在芋头上, 入蒸锅蒸 30 分钟。

④取适量煮鹅肉的原汤, 倒入炒锅中煮开, 待汤汁浓稠浇到芋头和鹅肉上即可。

操作要领

芋头蒸前煎一下更好吃, 而且蒸的时候不会散开。

营养贴士

鹅肉味甘、性平, 具有补阴益气、暖胃开津、祛风湿、防衰老的功效。

视觉享受 ★★★ 味觉享受 ★★★ 操作难度 ★★

年糕八宝鹅丁

TIME 20分钟

菜品特点
营养全面
美味可口

主料： 鹅脯肉 200 克，芹菜、茄子、年糕各 50 克

配料： 红椒、熟花生米各 30 克，料酒 30克，淀粉 20 克，生抽 15 克，姜末、蒜末各 5 克，食盐 3 克，植物油适量，白糖、鸡精各少许

操作步骤

①鹅脯肉切成小丁，放入少许食盐、料酒、植物油、淀粉，腌渍片刻。

②芹菜、茄子、年糕洗净，切成小丁；红椒洗净，切小粒。

③锅中放入适量油烧热，放入姜末、蒜末爆香，放入鹅肉丁翻炒至变色，加入芹菜、茄子、年糕、红椒、花生米翻炒一会儿，调入剩余配料，翻炒至主料熟即可。

操作要领

茄子与空气接触易氧化变黑，可放入清水中浸泡一会儿。

营养贴士

此菜有益气补虚、和胃止渴、止咳化痰、解铅毒等功效。

主料： 鹅肉 300 克，白萝卜 200 克

配料： 清汤 700 克，姜片 15 克，火麻仁 5 克，食盐 5 克，香菜叶少许

操作步骤

①鹅肉洗净，切块；白萝卜洗净，切滚刀块。

②鹅肉放入砂锅中，加入姜片、清汤，大火煮开，撇去浮沫，转文火煮到鹅肉八成熟。

③加入白萝卜块、火麻仁，调入食盐，大火煮开，转文火，继续煮 20 分钟关火，点缀香菜即可。

操作要领

火麻仁的用量不宜过多，否则可能会产生中毒反应。

营养贴士

鹅肉不仅脂肪含量低，而且肉质好，不饱和脂肪酸的含量高，特别是亚麻酸含量均超过其他肉类，对人体健康有益。

视觉享受 ★★★ 味觉享受 ★★★ 操作难度 ★★

补骨鹅肉煲

TIME 40分钟

菜品特点
汤美味鲜

剁椒炒鹅胗

视觉享受：★★★★
味觉享受：★★★★
操作难度：★★

TIME 20分钟

菜品特点
鲜香美味

> 🔴 **主料：** 鹅胗 250 克，干木耳 30 克

> 🔵 **配料：** 红椒 50 克，剁椒 30 克，姜丝、葱花各 10 克，料酒、生抽、食盐、植物油各适量，鸡精少许

🔄 操作步骤

①鹅胗洗净，切片；红椒洗净，切片；木耳泡发，撕小朵。

②鹅胗用姜丝、料酒、少许生抽拌匀腌 10 分钟。

③热锅倒油烧至六成热，加入腌好的鹅胗翻炒，炒至鹅胗变色，连汤和鹅胗一起盛出。

④锅洗净后再倒少许油，加入葱花、红椒片、剁椒

炒出香味，倒入鹅胗、木耳，调入生抽、食盐、鸡精翻炒至熟即可。

🕹 操作要领

剁椒有咸味，可根据自己口味适当加食盐。

📣 营养贴士

凡经常口渴、乏力、气短、食欲不佳者，可常食用此菜。

爽口下酒菜

★★★★★

畜肉类

★★★★★

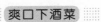

白菜冬笋炖肘子

 TIME 数小时

菜品特点
肉质软烂
美味健康

视觉享受：★★★
味觉享受：★★★★
操作难度：★★

- **主料：** 肘子 500 克，冬笋 150 克，白菜 100 克
- **配料：** 葱段、姜片各 15 克，枸杞 10 克，花椒粉 8 克，食盐 5 克，干辣椒段适量，香菜叶少许

操作步骤

①冬笋去皮洗净，切小块；白菜择好洗净，切片。

②肘子洗净，放入沸水锅中煮制，撇净浮沫，煮至半熟时捞出。

③另起锅加入凉水，水要没过肘子 3~5 厘米，放入葱段、姜片、花椒粉、干辣椒段、食盐，水开后，盖上锅盖，转小火炖 2 小时。

④转中火，放入冬笋、白菜、枸杞，炖至菜熟，出锅装碗，点缀香菜叶即可。

操作要领

也可以将肘子剔骨，将肉和骨头放入锅中熬煮。

营养贴士

猪肘味甘咸、性平，有和血脉、润肌肤、填肾精、健腰脚的功效。

视觉享受：★★★　味觉享受：★★★　操作难度：★

鸡蛋蒸肉饼

TIME 30 分钟

菜品特点

口感细嫩
肉质鲜美

主料： 瘦肉 250 克，鸡蛋 2 个

配料： 淀粉 30 克，生抽 20 克，鸡精 5 克，食盐 3 克，香油、葱花各少许

操作步骤

①瘦肉洗净后切成大块，放入料理机中打成肉泥；鸡蛋磕入碗中，打散成鸡蛋液。

②把肉泥和鸡蛋液放入盘内混合，加淀粉、适量水，调入食盐、鸡精，用筷子朝一个方向搅拌，使其成黏稠状即可。

③蒸锅烧开水，将鸡蛋肉饼上锅蒸 20 分钟左右，肉饼熟透出锅，加入生抽、葱花、香油即可。

操作要领

做肉饼时加的水量大约为两个鸡蛋的体积。

营养贴士

猪瘦肉中含有血红蛋白，可以起到补铁的作用，能够预防贫血。

主料： 腐竹 200 克，腊肉 100 克，黄瓜 80 克，白果 50 克，干木耳 30 克

配料： 生抽 20 克，鸡精 5 克，食盐 3 克，植物油适量

操作步骤

①木耳、腐竹放入温水中泡软，木耳撕成小朵，腐竹切成段；黄瓜洗净，切片；腊肉洗净，切片。

②白果去壳和皮，放入沸水锅中煮熟，捞出待用。

③锅内倒植物油烧热，放入腊肉炒出香味，转小火，放入木耳翻炒。

④放入黄瓜、腐竹、白果，调入食盐、鸡精、生抽，再开大火翻炒至熟即可。

操作要领

腐竹最好不要用热水浸泡，否则容易碎。

营养贴士

此菜含有丰富的动物蛋白和植物蛋白，膳食搭配合理，营养非常丰富。

视觉享受：★★★　味觉享受：★★★　操作难度：★

腊肉炒腐竹

TIME 20 分钟

菜品特点

营养美味

参归羊排炖芸豆

视觉享受：★★★
味觉享受：★★★★
操作难度：★★

TIME 40 分钟

菜品特点
味香浓郁

主料： 羊排骨 300 克，芸豆 100 克

配料： 葱段、姜片各 15 克，当归、党参各 10 克，女贞子 5 克，料酒 10 克，白糖 10 克，食盐 5 克，鸡精 3 克

操作步骤

①芸豆择洗干净，切段；羊排剁成段。

②羊排入沸水锅中焯透，捞出。

③砂锅内加水，下入当归、党参、女贞子用小火熬浓，下入羊排、葱段、姜片、料酒，小火炖至九成烂。

④下入芸豆，加食盐、白糖炖至熟透，加鸡精即成。

操作要领

可用高汤代替清水，这样制作出来的汤更加鲜美。

营养贴士

羊肉性温，冬季常吃羊肉，不仅可以增加人体热量，抵御寒冷，而且还能增加消化酶，帮助脾胃消化，起到抗衰老的作用。

视觉享受 ★★★★ 味觉享受 ★★★★ 操作难度 ★★★

冬瓜羊肉丸

TIME 25 分钟

菜品特点
味道鲜美
健康营养

➡ **主料：** 羊肉 300 克，冬瓜 200 克

➡ **配料：** 清汤 500 克，鸡蛋清 30 克，香菜 15 克，葱末 10 克，姜末 5 克，食盐、鸡精各适量，胡椒粉、香油各少许

操作步骤

①羊肉剁成肉末，加鸡蛋清、葱末、姜末、胡椒粉、适量鸡精、适量食盐搅拌均匀。
②冬瓜去皮、瓤，洗净，切小块；香菜洗净，切段。
③锅内加清汤、冬瓜大火烧开，将拌好的羊肉馅挤成丸子，入锅煮熟，放适量食盐、鸡精调味，出锅装碗，加入香油、香菜段即可食用。

操作要领

挤丸子时，左手抹一点儿植物油，抓一把肉馅，手心慢慢合拢，让原料从拳眼中挤出，用大拇指掐断，右手接住即可。

营养贴士

羊肉具有补精血、益虚劳、温中健脾、补肾壮阳、养肝等功效。

➡ **主料：** 羊腿肉 300 克，菠菜 100 克，白萝卜 80 克

➡ **配料：** 清汤 800 克，绍酒 30 克，葱段 15 克，姜 3 片，大料 2 颗，食盐 5 克，胡椒粉少许

操作步骤

①羊腿肉切成约 7 厘米长的块，放在锅中加水煮 30 分钟至熟，取出。
②另放清汤与羊腿肉同煮，加入葱段、姜片、大料煮约 1 小时，放进绍酒、食盐、胡椒粉，再以小火煮 30 分钟。
③取出羊腿肉，待稍凉切成片，过滤锅内料渣，取汤汁。
④菠菜择好，洗净；白萝卜洗净，切薄片。
⑤取一只浅底砂锅，以菠菜、白萝卜片垫底，上面码上羊腿肉，注入汤汁，放在火上煮沸即可。

操作要领

这道菜不能加色重的调味品，以保持汤的原味与清淡。

营养贴士

羊肉具有助元阳、补精血、疗肺虚、益劳损的功效。

视觉享受 ★★★★ 味觉享受 ★★★★★ 操作难度 ★★★

连锅羊肉

TIME 2.5 小时

菜品特点
健康滋补
营养羊肉

 葱焖五花肉

TIME 1.5小时

视觉享受：★★★
味觉享受：★★★★
操作难度：★★★

菜品特点
满口生香
下酒佳肴

 主料： 五花肉 300 克，葱白段 80 克

配料： 酱油、料酒各 30 克，白糖 15 克，姜片 10 克，食盐 5 克，植物油少许

操作步骤

①五花肉洗净，切块。

②炒锅中倒入植物油，烧热后，倒入五花肉块煸炒，加入姜片、料酒、白糖、食盐炒至肉断生后，再煸炒一会儿，加入适量酱油上色，继续翻炒 5 分钟，关火。

③砂锅中放一个竹箅子垫底，铺上一半的葱白段，将炒好的肉倒在葱上面，铺开，加入剩余葱白段，淋少许酱油，盖上盖，以小火焖约 1 小时即可。

操作要领

在焖制的过程中仅是靠葱中的水分将肉焖熟焖烂，因此，葱白一定要足量。

营养贴士

猪肉经炖煮后，胆固醇含量会大大降低。

视觉享受 ★★★ 味觉享受 ★★★★ 操作难度 ★★

剁椒五花肉

TIME 15分钟

菜品特点
香而不腻

主料： 五花肉 500 克

配料： 剁椒 50 克，清汤 50 克，姜 4 片，蒜片 10 克，白糖 15 克，酱油 15 克，料酒 10 克，食盐 5 克，鸡精 3 克，植物油适量，葱花少许

操作步骤

①五花肉洗净，切成 0.5 厘米厚的肉片。

②炒锅内加入植物油烧热，倒入五花肉不断翻炒，直至肉片煸出油且呈金黄色，倒入姜片、蒜片、剁椒、料酒，翻炒 1 分钟。

③加入清汤，翻炒均匀后继续炒 5 分钟，放入酱油、食盐、鸡精和白糖，拌炒均匀入味，待汤汁收干，撒上葱花炒匀即可。

操作要领

选择优质五花肉，可用手摸，略微有粘手的感觉，肉上无血，肥肉、瘦肉红白分明、色鲜艳。

营养贴士

猪肉味甘咸、性平，具有补肾养血、滋阴润燥的功效。

主料： 猪腱肉 200 克，苦瓜 150 克

配料： 高汤 800 克，姜片、葱段各 15 克，白糖、料酒各 10 克，花椒 5 克，食盐 3 克，鸡精少许

操作步骤

①苦瓜对半剖开，去籽、瓤，洗净，切成长 5 厘米、宽 2 厘米的条。

②猪腱肉用温水洗净，切成长 5 厘米、宽 3 厘米的薄片。

③锅内加入高汤，放入肉片、花椒、白糖、料酒、姜片、葱段、食盐烧沸，撇去浮沫，转为小火炖 30 分钟。

④待肉软汁浓时，加入苦瓜条继续炖 10 分钟至苦瓜熟透，加入鸡精调匀，即可关火。

操作要领

如果觉得苦瓜味苦，可在切好后用盐水泡 15 分钟，再用清水泡 15 分钟。

营养贴士

猪肉能维持体温和保护内脏，提供必需脂肪酸。

视觉享受 ★★★ 味觉享受 ★★★ 操作难度 ★★

苦瓜炖猪腱肉

TIME 50分钟

菜品特点
去热清火
汤汁鲜美

清汤排骨

视觉享受 ★★★★
味觉享受 ★★★★
操作难度 ★★★

TIME: 80 分钟

菜品特点
排骨美味
汤汁清香

➡ **主料：** 猪排骨 400 克，黄豆芽 80 克

➡ **配料：** 清汤 800 克，葱段、姜片各 15 克，料酒 15 克，醋 10 克，炖肉料、黄芪、西洋参各适量，食盐、鸡精各少许

操作步骤

①猪排骨洗净，切块，放入沸水锅中焯一下，捞出，洗去浮沫。

②炖肉料、黄芪、西洋参包入纱布中，做成料包；黄豆芽洗净，控干水分。

③排骨放入砂锅中，加入料包、葱段、姜片、醋、料酒、清汤大火烧开，再转小火炖 50 分钟至骨汤发白。

④放入黄豆芽，继续炖 15 分钟至豆芽软熟，调入食盐、鸡精即可。

操作要领

排骨炖前焯水可以去除排骨中的血腥味；在炖制过程中，要不断打去汤上的浮沫，以保证汤的清澈明亮。

营养贴士

此菜具有开胃祛寒、消食等功效。

麻花炒肉片

TIME 10分钟

菜品特点
麻花酥脆
猪肉嫩滑

主料： 猪里脊肉150克，麻花80克，青椒、黄彩椒各50克

配料： 料酒15克，葱段10克，食盐5克，鸡精2克，水淀粉、植物油适量

操作步骤

①猪里脊肉洗净，切成片，加少许食盐、水淀粉、料酒拌匀上浆。

②青椒、黄彩椒洗净，切成片；麻花掰成小段。

③炒锅内放多些植物油，烧至六成热时将肉片滑油至熟，捞出沥油。

④锅留底油，煸香葱段、青椒、黄彩椒，加少许水、适量食盐、鸡精，倒入肉片和麻花翻炒均匀，收干汤汁即可。

操作要领

此菜要保持麻花的酥脆，因此不能太早入锅。

营养贴士

猪肉可为人类提供优质蛋白质和必需的脂肪酸。

主料： 五花肉250克，慈姑200克，胡萝卜100克

配料： 葱段、姜片、香芹段各适量，植物油、老抽各30克，料酒20克，白糖10克，食盐少许

操作步骤

①五花肉切小块，放入沸水锅内氽一下，去掉肉腥气；慈姑去皮洗净，胡萝卜去皮，全部切成滚刀块。

②炒锅中放油烧热，下入肉、姜片、葱段煸炒至变色，倒入慈姑、胡萝卜，淋入料酒、老抽，加白糖、食盐和200克水。

③煮开后改文火烧至肉烂、慈姑熟，加入香芹翻炒至熟，再用大火收汁即可。

操作要领

香芹容易熟，太早下锅易软烂，应在出锅前加入。

营养贴士

猪肉性微寒，有解热功能，能够补肾气虚弱。

慈姑烧肉

TIME 20分钟

菜品特点
慈姑绵软
肉香浓郁

煳辣银芽肉丝

TIME 15分钟

视觉享受：★★★
味觉享受：★★★★
操作难度：★★

菜品特点
肉丝细嫩
豆芽脆香

➡ **主料：** 猪瘦肉 200 克，绿豆芽 100 克

➡ **配料：** 干辣椒丝 20 克，绍酒、醋各 15 克，白糖、生抽各 10 克，食盐 3 克，鸡粉 2 克，蒜末、水淀粉、植物油各适量，香油、花椒粒各少许

🍳 操作步骤

①猪瘦肉切成细丝，放在碗内，加绍酒、少许食盐、水淀粉拌匀上浆。

②绿豆芽切去头、根，洗净。

③将生抽、醋、白糖、鸡粉和少量水兑成咸鲜酸甜的调味汁。

④炒锅置旺火上烧热，放植物油烧至五成热，放入干辣椒丝、花椒，炸至棕红色，再放入肉丝，煸散

后加绿豆芽炒熟，烹入调味汁炒匀，出锅前加入香油、蒜末即可。

🔖 操作要领

干辣椒丝要炸成棕红色，这也是有煳辣香味的关键。

📋 营养贴士

此菜营养全面，主要营养成分为蛋白质、维生素等。

视觉享受：★★★　味觉享受：★★★　操作难度：★

腊肉炒水芹

TIME 40分钟

菜品特点

清香味鲜

➡ 主料： 水芹菜 200 克，腊肉 150 克

➡ 配料： 泡椒 25 克，生抽 10 克，蒜末、姜末各 5 克，食盐 2 克，植物油适量

🥢 操作步骤

①腊肉用温水洗净，入锅煮 30 分钟，煮好的腊肉稍晾凉后切片。

②水芹菜择去叶子，洗净切成段；泡椒剁碎末。

③锅内加植物油烧热，加入泡椒、蒜末、姜末爆香，将腊肉入锅，煸香出油。

④加入水芹菜翻炒炒匀至断生，加食盐、生抽调味，炒匀即可出锅。

🔥 操作要领

水芹茎嫩，久炒易失水，因此要急火快炒，炒至断生即可。

👉 营养贴士

腊肉肥不腻口，瘦不塞牙，不仅风味独特，营养丰富，而且具有开胃、去寒、消食等功效。

➡ 主料： 腊肉 200 克，芥菜头 150 克

➡ 配料： 鲜汤 500 克，姜片 15 克，料酒 15克，食盐 3 克，鸡精、胡椒粉各少许

🥢 操作步骤

①腊肉切成片；芥菜头去皮洗净，切成长 4 厘米、宽 1.5 厘米、厚 1 厘米的条待用。

②锅置旺火上，倒入鲜汤，倒进腊肉烧沸。

③撇去浮沫，下姜片、胡椒粉、料酒烧至六成熟。

④再把芥菜头倒入锅中，烧至腊肉、芥菜头熟透。

⑤加食盐、鸡精，起锅装入碗中即可。

🔥 操作要领

芥菜头要去净老皮洗净，否则会影响汤色；煮制时不能在中途加水，腊肉、芥菜头要烧软，否则汤味差。

👉 营养贴士

此菜具有解毒消肿、下气消食、利尿除湿的功效。

视觉享受：★★★　味觉享受：★★★★　操作难度：★★

腊肉菜头汤

TIME 20分钟

菜品特点

清香醇享
汤美味鲜

蒜泥莴笋肉

视觉享受：★★★
味觉享受：★★★
操作难度：★★

TIME 1小时

菜品特点
清爽开胃

🔹 **主料：** 牛肉250克，莴笋150克

🔹 **配料：** 蒜泥15克，绍酒20克，生抽15克，醋10克，食盐5克，葱段、姜片各适量，鸡精、香油各少许

🥢 操作步骤

①莴笋去叶、皮洗净，切成薄片，用少许食盐拌匀，腌渍15分钟，控干水分。

②牛肉洗净，在沸水锅中烫一下，捞出洗净。

③牛肉放在锅里，加水、绍酒、葱段、姜片、适量食盐烧开，改小火煮至熟烂，捞出切成薄片。

④莴笋、牛肉片放入碗中，调入剩余配料，拌匀即可。

🔥 操作要领

牛肉要新鲜，而且一定要去筋。

👉 营养贴士

牛肉含维生素 B_6，蛋白质需求量越大，饮食中所应该增加的维生素 B_6 就越多。

视觉享受：★★★ 味觉享受：★★★★ 操作难度：★★

冬笋焖肉

TIME 40分钟

菜品特点
鲜香脆嫩

⊃ **主料：** 猪瘦肉 200 克，冬笋 250 克

⊃ **配料：** 米酒 30 克，酱油 25 克，酱豆腐、蚝油各 10 克，葱花、姜丝各 10 克，食盐 3 克，植物油适量，五香粉少许

操作步骤

①瘦肉洗净，切成片，冷水煮去血沫；冬笋去皮洗净，切成滚刀块，下入开水锅中煮 3 分钟去涩味，捞出过凉水。

②热锅大火放少许油，爆香葱花、姜丝，放入冬笋翻炒均匀，再下肉片翻炒 1 分钟，倒入米酒、酱油、酱豆腐、蚝油、五香粉，翻炒均匀，加少量热水、食盐。

③大火煮开 5 分钟，再转小火焖煮 15 分钟至酱料完全被吸收，即可出锅。

操作要领 ◀◀◀

米酒香甜，容易使主料焖入味，但也可以改用白糖和白酒。

营养贴士

猪肉中胆固醇含量偏高，因此血脂较高者不宜多食。

⊃ **主料：** 羊肉 200 克，豌豆粉皮 150 克，番茄 1 个

⊃ **配料：** 剁椒 30 克，姜片 10 克，食盐 5 克，干辣椒段、植物油适量，葱花、胡椒粉各少许

操作步骤

①羊肉洗净，冷水下锅，大火煮开，再煮 3~4 分钟关火，捞出羊肉，用温水洗净血浮。

②锅内另加清水，放入羊肉、一半姜片，大火煮至肉熟，捞出晾凉，切小块；番茄洗净，切块。

③锅中放植物油，油热后加入剩余姜片、干辣椒段、剁椒炒香，放入煮羊肉的原汤、番茄块煮开，加入羊肉块、豌豆粉皮，加盖焖 15 分钟，煮至粉皮变透明，加入食盐、胡椒粉拌匀，撒入葱花即可。

操作要领 ◀◀◀

这道菜不可放香菜，否则会遮盖羊肉汤的香味。

营养贴士

粉皮有良好的附味性，能吸收各种鲜美汤料的味道。

视觉享受：★★★ 味觉享受：★★★ 操作难度：★★

粉皮羊肉

TIME 50小时

菜品特点
酸辣开胃
羊肉鲜美

清蒸湘西腊肉

视觉享受：★★★
味觉享受：★★★★
操作难度：★

TIME 50分钟

菜品特点
咸香可口
香味浓郁

> **主料：** 湘西五花腊肉 500 克
> **配料：** 料酒 15 克，白糖 10 克，鸡粉 8 克，清鸡汤少许

操作步骤

①湘西五花腊肉清洗干净，放入锅内加水煮熟。

②将煮好的腊肉切成片，摆入盘中，所有配料调成汁，浇到腊肉片上。

③蒸锅中烧开水，放入腊肉大火蒸 10 分钟，再转小火蒸 20 分钟左右，取出即可。

操作要领

湘西腊肉，口味麻辣咸香，在选料时要选用五花肉做的腊肉，而且放的时间越久，味道越香。

营养贴士

本道菜约含蛋白质 108 克，磷 817 毫克，钙 232 毫克，铁 18.5 毫克，钾 744 毫克，具有滋阴润燥的功效。

视觉享受：★★★ 味觉享受：★★★★ 操作难度：★★

牛肉扣芦笋

TIME 30 分钟

菜品特点
清爽鲜嫩
饭鲜适口

● **主料：** 牛肉 150 克，白芦笋 200 克

● **配料：** 绍酒 30 克，酱油 10 克，白糖 5 克，水淀粉 15 克，姜丝 10 克，辣椒粉、植物油适量，胡椒粉、鸡精各少许

操作步骤

①芦笋去老皮，切成条，加食盐清炒至熟，盛出摆盘。

②牛肉去筋络，切成丝，放入碗内加胡椒粉、水淀粉、绍酒和少许清水腌 15 分钟。

③锅内倒入植物油，放入牛肉炒至变色，加入姜丝、白糖、酱油、鸡精、少许清水，烧沸后用水淀粉勾芡，撒入辣椒粉，起锅倒在芦笋上即可。

操作要领

牛肉一定要去筋络，否则食用时不方便。

营养贴士

此菜具有鲜美芳香的风味，能增进食欲，帮助消化。

● **主料：** 牛肉 300 克，海带 150 克，黄豆芽 80 克

● **配料：** 炖肉料 30 克，酱油 20 克，水淀粉 10 克，食盐 5 克，鸡精 3 克

操作步骤

①牛肉洗净，切成大块，用清水浸泡 30 分钟。

②海带洗净，切成段，放入清水中浸泡；黄豆芽洗净，切去根部。

③砂锅放清水，放入牛肉及炖肉料，大火煮开，撇去浮沫，转小火慢炖 1 小时。

④放入海带、黄豆芽煮熟，调入酱油、食盐、鸡精，以水淀粉勾芡，即可出锅。

操作要领

炖牛肉要选择牛腩这样有筋、有肉、有油的部位，过瘦则柴。

营养贴士

在油腻过多的食物中掺进海带，可减少脂肪在体内的积存。

视觉享受：★★★ 味觉享受：★★★ 操作难度：★★

私房烧牛肉

TIME 1.5 小时

菜品特点
肉质软嫩
味鲜鲜美

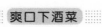

泥鳅蒸腊肉

TIME 40分钟

视觉享受 ★★★
味觉享受 ★★★★
操作难度 ★

菜品特点
肉质细嫩
味道鲜美

> **主料：** 腊肉400克，活泥鳅250克

> **配料：** 植物油50克，豆豉、料酒各20克，葱段、姜片各15克，碎干辣椒10克，米醋10克，食盐5克，鸡精3克

操作步骤

①腊肉洗净，切成均匀的片，焯水待用。

②锅内放水，加入葱段、姜片、料酒烧开，下入处理好的泥鳅焯水捞出。

③将腊肉和泥鳅拼摆在扣碗内。

④锅内放油，将碎干辣椒、豆豉炒香，放入剩余配料炒匀，然后浇在扣碗内，上笼蒸约30分钟，出笼后反扣在盘中即成。

操作要领

制作时要掌握好蒸制的时间，不要将泥鳅蒸得过烂。

营养贴士

此菜含有丰富的蛋白质，具有暖中益气的功效。

榨菜蒸牛肉

视觉享受 ★★★　味觉享受 ★★★　操作难度 ★

TIME 30分钟

菜品特点
鲜鲜味美

主料： 牛肉200克，榨菜100克

配料： 酱油20克，淀粉、植物油各15克，葱花、姜丝各适量，胡椒粉、白糖各少许

操作步骤

①牛肉、榨菜洗净切片。

②牛肉片加酱油、淀粉、植物油、胡椒粉及少许凉开水拌匀，腌约10分钟。

③榨菜片以少许白糖拌匀，摆在盘底，上面铺好牛肉，撒上姜丝。

④蒸锅中烧开水，放入牛肉蒸约15分钟，至牛肉熟透取出，撒上葱花即可。

操作要领

牛肉最好选牛里脊，比较滑嫩，适合切片蒸；一定要加淀粉腌渍，这样蒸出来的牛肉不会老。

营养贴士

此菜适宜于中气下陷、气短体虚、筋骨酸软的人群食用。

主料： 四季豆200克，猪瘦肉150克，橄榄菜30克，皮蛋1个

配料： 花生米、红椒各30克，蒜末10克，蚝油10克，食盐、鸡精各3克，白糖、生粉各5克，麻油2克，植物油适量

操作步骤

①猪瘦肉切小丁，用少许食盐、生粉和适量植物油腌渍片刻；四季豆择好洗净，切成段；红椒洗净，切条；皮蛋去皮，切成小丁。

②热锅下油烧至五成热，分别下入肉丁、四季豆过一下油，捞起控油。

③锅中留少许底油，烧热后炒香蒜末、红椒，加入肉丁和四季豆翻炒均匀。

④再加入橄榄菜、皮蛋、花生米，调入白糖、鸡精、蚝油、食盐翻炒至熟，淋上麻油即可出锅。

操作要领

走油时，肉丁和四季豆不宜炸太久，刚熟即可。

营养贴士

此菜可以改善肠胃的消化功能，增进食欲。

橄榄菜炒肉块

视觉享受 ★★★　味觉享受 ★★★★　操作难度 ★★

TIME 20分钟

菜品特点
口感丰富
有益健康

腊味炒罗汉笋

TIME 10分钟

视觉享受：★★★
味觉享受：★★★★
操作难度：★★

菜品特点
风味鲜美
醇享浓郁

➡ **主料：** 罗汉笋 200 克，腊肠 150 克
➡ **配料：** 米酒 30 克，小米椒 15 克，食盐 2 克，植物油适量

操作步骤

①罗汉笋用清水清洗一下，放入清水中浸泡 5 分钟，再改刀斜切成片，放入沸水锅中焯熟，捞出控水。
②小米椒洗净，斜切圈；腊肠斜切片。
③炒锅中加植物油烧热，放入小米椒炒出香味，加入罗汉笋、腊肠翻炒均匀，加入米酒、食盐，继续炒 1 分钟，即可出锅。

操作要领

此菜容易熟，应以大火快速翻炒出锅。

营养贴士

此菜将罗汉笋的清香与腊肠的浓郁完美结合，再配以米酒的醇香，具有开胃助食、增进食欲的功效。

视觉享受：★★★　味觉享受：★★★　操作难度：★★

干蒸腊肉

TIME 10分钟

菜品特点

腊香微辣
鲜而不腻

● **主料：** 腊肉 250 克

● **配料：** 豆豉酱 30 克，干辣椒碎 10 克，植物油适量，葱花少许

操作步骤

①腊肉放入温水中浸泡片刻，捞出洗净，切成 5 厘米长、3 厘米宽、0.5 厘米厚的薄片，摆入盘中。

②炒锅置火上，倒植物油烧热，放入干辣椒碎、豆豉酱煸香，倒在腊肉上。

③蒸笼烧开水，整盘放入腊肉蒸 8 分钟，出笼撒上葱花即成。

操作要领

腊肉本身偏咸，蒸制前需先用温水浸泡一会儿。

营养贴士

腊肉风味独特，吃腊肉时可以将腊肉先煮后蒸，让水分缓慢地渗入肉的组织中。这样既可以让腊肉变得滋润，又可以去除过多的盐分。

● **主料：** 金华火腿 100 克，竹荪 3 条，冻豆腐、冬笋各 50 克，

● **配料：** 清汤 500 克，料酒 30 克，冰糖 10 克，香油 3 克，小白菜心、香芹各少许

操作步骤

①金华火腿，在温水里浸泡 1 小时，擦净表面的发酵层，切成细丝。

②竹荪放在水中浸泡 15 分钟；冻豆腐洗净，切条；冬笋洗净，切丝；小白菜心洗净；香芹去叶，洗净切小段。

③竹荪浸泡好后洗净，去掉网子的部分，切去头、尾的尖，在竹荪段中塞入火腿丝、冻豆腐条、冬笋丝，使其撑满。

④砂锅内放清汤烧开，放入竹荪，倒入料酒、冰糖，中火炖 20 分钟，起锅前放入香油，撒上小白菜心、香芹段即可。

操作要领

火腿已有咸味和独特的风味，可不加调味品。

营养贴士

本菜具有滋补强壮、益气补脑、宁神健体的功效。

视觉享受：★★★　味觉享受：★★★★　操作难度：★★

金华竹荪

TIME 100分钟

菜品特点

咸鲜甘甜
营养丰富

红酒牛肋排

TIME 2 小时

菜品特点
酒香浓郁

视觉享受：★★★★
味觉享受：★★★★
操作难度：★★★

主料： 牛肋排 500 克

配料： 红酒 250 克，番茄酱 100 克，洋葱丝 50 克，沙拉油 50 克，蒜片 15 克，食盐 5 克，水淀粉、月桂叶各少许

操作步骤

①牛肋排斩成小段，洗净，沥干水分，放入少许洋葱丝、多一半红酒、月桂叶腌渍 30 分钟。

②平底锅放入沙拉油，油温八成热时下入腌好的牛肋排煎至两面焦黄，盛出。

③锅中留底油，放入蒜片、剩余的洋葱丝爆香，再加适量水、番茄酱，大火煮开，加入牛肋排、食盐、腌肉的红酒汁，以中小火炖煮 1 小时。

④待汤汁剩下不多时，再倒入剩余红酒，大火收汁，以水淀粉勾薄芡，即可出锅。

操作要领

此菜主要依靠红酒提味，炖煮时应尽量少放水，以保持红酒味道的浓郁。

营养贴士

此菜能消除或对抗氧自由基，具有抗老防病的作用。

视觉享受 ★★★　味觉享受 ★★★★　操作难度 ★★

泡椒兔腿

TIME 50分钟

菜品特点
泡椒味香
入口嚼爽

➡ **主料**：兔腿 500 克

➡ **配料**：料酒 50 克，泡红椒 30 克，老抽 20 克，剁椒 15 克，蒜末、姜末各 10 克，花椒粉 5 克，食盐 3 克，青、红杭椒各适量，植物油、白糖、鸡精各少许

操作步骤

①兔腿洗净，斩小块，用一半料酒、少许食盐、花椒粉、姜末腌渍 30 分钟备用。

②炒锅倒油烧至五成热，下蒜末、泡红椒、剁椒青杭椒、红杭椒炒出香味，放入剩余料酒、白糖、老抽、适量食盐调味，再加入清水烧开。

③腌好的兔腿块下入锅中，待兔腿煮熟，加入鸡精起锅，倒入大碗中，自然晾凉至入味即可食用。

操作要领

兔腿煮熟断生即可，这样味道才鲜美。

营养贴士

常食兔肉可增强体质，健美肌肉。

➡ **主料**：凉瓜（即苦瓜）150 克，鸡蛋 1 个，猪肉 100 克，粉丝 50 克

➡ **配料**：鸡汤 300 克，姜丝 10 克，白糖 5 克，食盐 3 克，鸡精 2 克，醋、植物油各适量，麻油少许

操作步骤

①鸡蛋打散，放入不粘锅中摊成蛋皮，晾凉后切丝。

②凉瓜洗净剖开，去瓤后切成条；粉丝浸泡在清水中；猪肉切细丝。

③炒锅中放植物油烧热，下入姜丝、肉丝炒香，注入鸡汤烧开，加入凉瓜，调入食盐、白糖，用中火烩 10 分钟，再加入粉丝、蛋皮烩至粉丝熟，加入麻油、鸡精、醋调味，即可出锅。

操作要领

烩此汤不能用上汤，否则炖出的口味太浓，而不清香。

营养贴士

此菜具有提高机体应激能力、保护心脏等作用。

视觉享受 ★★★　味觉享受 ★★★　操作难度 ★★

三丝烩凉瓜

TIME 20分钟

菜品特点
鲜美爽滑

汾酒猪肘

TIME 2.5 小时

视觉享受：★★★★
味觉享受：★★★★
操作难度：★★

菜品特点
鲜香有味
酒香宜人

○ **主料：** 带皮猪肘 1 个

○ **配料：** 花椒、葱段、姜片各 50 克，汾酒 50 克，白糖 30 克，大料 3 颗，五香粉 10 克，砂仁粉 3 克，生硝 2 克，食盐适量

 操作步骤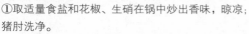

①取适量食盐和花椒、生硝在锅中炒出香味，晾凉；猪肘洗净。

②白糖和炒好的食盐撒在猪肘上，在盆中揉匀，腌渍 1 天。

③腌好的猪肘用冷水漂洗净，放在 80℃的热水中汆一下，再用凉水洗净。

④猪肘去骨，修平整，在肉一侧均匀地抹上五香粉和砂仁粉，将肘皮卷起成圆肉卷，用细麻绳均匀缠紧。

⑤锅内清水烧开，放入猪肘，加葱段、姜片、汾酒、大料、食盐，煮 2 小时捞出，晾一下，再次将麻绳勒紧，晾凉后拆去麻绳，切片装盘即可。

操作要领

一定要确保肉卷足够紧实，否则不易定型。

营养贴士

猪皮中含有大量的胶原蛋白，具有强体增肥的功效。

视觉享受：★★★ 味觉享受：★★★ 操作难度：★★★

腊猪蹄蒸干豆角

TIME 100分钟

菜品特点
腊味浓郁
咸鲜味香

主料： 腊猪蹄 300 克，干豆角 50 克，菜心 100 克

配料： 豆豉 15 克，葱花、姜末、蒜末各 5 克，干辣椒粉 10 克，鸡精 2 克，植物油适量，水淀粉、香油各少许

操作步骤

①腊猪蹄砍成小块，入淘米水中浸泡 40 分钟，取出洗净，入沸水锅中焯 5 分钟。

②菜心洗净，入沸水中焯水 1 分钟；干豆角用温水泡发，切成段。

③锅中放植物油烧至五成热，将猪蹄过一下油，捞出控油，摆放在扣碗中。

④锅中留底油烧至六成热，下入豆豉炒香，加入葱花、姜末、蒜末、干豆角、鸡精翻炒 1 分钟后盖在猪蹄上，入蒸笼旺火蒸 30 分钟。

⑤将扣碗中的汤汁滗出，猪蹄翻扣盘中，用菜心围边，汤汁在锅中烧开，用水淀粉勾芡，淋香油，撒上干辣椒粉，浇在猪蹄上即可。

操作要领

在炸腊猪蹄时，要改用小火，以免肉焦煳。

营养贴士

猪蹄中的蛋白质水解后，会产生 11 种氨基酸，含量均与熊掌不相上下。

主料： 腊排骨 250 克，湖藕 300 克

配料： 猪油 10 克，葱段 10 克，姜块 7 克，鸡精、胡椒粉各 2 克，食盐、香油、葱花各少许

操作步骤

①腊排骨放入清水中浸泡 30 分钟，捞出控干，剁成 3 厘米左右的块。

②湖藕去皮洗净，切滚刀块，放入沸水锅中焯一下，捞出控水。

③砂锅中放入腊排骨、湖藕，加水没过食材，再加入姜块、葱段、猪油煮开，转中火炖 30 分钟，至骨烂藕香倒出，除去姜、葱，放入食盐、鸡精、胡椒粉调味，淋香油，撒葱花即成。

操作要领

腊排骨已有盐分，可根据最后成品的咸淡再确定是否放盐。

营养贴士

此菜尤其适宜气血不足、阴虚纳差的人群食用。

视觉享受：★★★ 味觉享受：★★★ 操作难度：★★★

腊排骨炖湖藕

TIME 70分钟

菜品特点
排骨烂秋
湖藕酥香

蒜子炒牛肉

TIME 25分钟

菜品特点
味道浓香

视觉享受：★★★
味觉享受：★★★★
操作难度：★★★

- **主料：** 牛肉300克，大蒜2头
- **配料：** 水淀粉30克，黄油30克，洋葱30克，蛋清25克，蚝油20克，黑胡椒粉5克，植物油适量，食盐少许

操作步骤

①牛肉洗净，切成2厘米左右的块，用蛋清、水淀粉、多一半黑胡椒粉、一半蚝油腌渍10分钟；大蒜剥好；洋葱洗净，切小片。

②锅中烧热植物油，倒入腌好的牛肉块滑熟，倒入漏勺内控油。

③另起一锅，将黄油放入锅中，用中小火化开，放入大蒜瓣、洋葱，煸至蒜瓣成金黄色，倒入牛肉，调入食盐、剩余蚝油翻炒至熟，出锅前撒入少许黑

胡椒粉即可。

操作要领

蒜瓣可提前用刀拍松，这样更能提味。

营养贴士

此菜具有补益气血、强身健脑、降脂降压、丰肌泽肤的功效。

视觉享受 ★★★　味觉享受 ★★★　操作难度 ★★

凉拌肉皮丝

TIME 20分钟

菜品特点
口感筋骨
滋润肌肤

⇒ 主料： 猪肉皮 250 克，黄瓜 100 克
☛ 配料： 辣椒油 15 克，生抽 15 克，香醋 10 克，姜片、蒜末、葱花各适量，食盐 5 克，鸡精 3 克，香油少许

操作步骤

①猪肉皮放在火上略烤有毛一面，放入清水中用小刀刮洗干净，沥干水分，放入开水锅中加入姜片、适量食盐煮熟，捞出晾凉，切成丝。
②黄瓜洗净，切细丝。
③将辣椒油、生抽、香醋、少许食盐、鸡精、香油、蒜末、葱花调匀，浇在肉皮上拌匀即可。

操作要领

也可在市场中买现成的卤猪皮，以节省时间。

营养贴士

猪皮可以有效防止皮肤过早褶皱，延缓皮肤的衰老过程，并且还有滋阴补虚、养血益气的功效。

⇒ 主料： 牛肉 300 克，酸菜 100 克，糯米粉 80 克
☛ 配料： 酱油 25 克，葱花、姜末各 15 克，豆瓣酱 15 克，甜面酱、料酒各 10 克，淀粉、白糖各 5 克，鸡精 2 克，植物油适量，胡椒粉、香菜各少许

操作步骤

①牛肉去筋，洗净，切成片，装在碗内，加入葱花、姜末，放入甜面酱、豆瓣酱、酱油、料酒、白糖、鸡精、淀粉、糯米粉搅拌均匀，再加入植物油拌好，腌渍片刻。
②酸菜放入清水中投洗 1 遍，挤干水分，摆放在盘底；香菜洗净，切段。
③裹匀糯米粉的牛肉片铺在酸菜上，蒸锅水烧开，牛肉放入蒸笼，用旺火、足气蒸 1 小时，待牛肉熟透装入盘中，撒上胡椒粉、香菜段即可。

操作要领

牛肉一定要横着肉纹切，否则不容易咬烂。

营养贴士

牛肉有补中益气、滋养脾胃、强健筋骨的功效。

视觉享受 ★★★★　味觉享受 ★★★★　操作难度 ★★

小笼粉蒸肉

TIME 90分钟

菜品特点
味辣鲜香
回味无穷

串串香兔腰

视觉享受：★★★★
味觉享受：★★★★
操作难度：★★

TIME 25分钟

菜品特点
香辣美味

● **主料：** 兔腰 250 克
● **配料：** 花椒水 50 克，淀粉 30 克，料酒 25 克，孜然粉 15 克，干辣椒碎 10 克，酱油 15 克，食盐 3 克，白糖 10 克，植物油适量，葱花、熟白芝麻各少许

操作步骤

①兔腰洗净，控干水分，切成小块，放入碗中，加入花椒水、少许孜然粉、淀粉、白糖、酱油、食盐、料酒拌匀，腌渍片刻。

②腌好的兔腰块分别穿在牙签上待用。

③锅中加多些植物油，油温六成热时下入兔腰，炸至外表焦红，捞出控油。

④趁热撒上干辣椒碎、孜然粉、芝麻、葱花，拌匀即可。

操作要领

腌渍兔腰时加入花椒水，可以去除其腥气。

营养贴士

兔腰有补肾益精的功效。

视觉享受：★★★ 味觉享受：★★★ 操作难度：★★

党琥猪心煲

TIME 2.5小时

菜品特点
肉嫩汤清
营养健康

> **主料：** 猪心 300 克

> **配料：** 清汤 500 克，黄酒 25 克，党参、黑木耳各 10 克，枸杞 8 克，琥珀粉 5 克，食盐 3 克

操作步骤

①猪心洗净，切成两半，入沸水烫透，切成小块；黑木耳泡发，撕成小朵；枸杞洗净。

②砂锅内放清汤、黄酒、猪心，烧开后撇去浮沫，加入黑木耳、枸杞、党参、琥珀粉，小火炖约 2 小时，用食盐调味即成。

操作要领

如果没有清汤也可用清水代替，并不影响其营养价值。

营养贴士

猪心性平，味甘咸，是补益食品，营养十分丰富，具有益气补脾、宁心安神的功效。

> **主料：** 牛肚 300 克，竹笋 200 克，青、红椒各少许

> **配料：** 生抽、红油各 30 克，老抽 25 克，白糖 10 克，食盐 5 克，鸡精 3 克，面粉、香醋、蒜瓣、干辣椒段、香菜各适量，大料、香叶、香油各少许

操作步骤

①牛肚用面粉、清水反复搓洗干净，控干水分，放入高压锅中，加入适量食盐、大料、蒜瓣、干辣椒段、老抽、香叶和少许水，上汽后转小火继续煮 10 分钟，卤好后浸泡在卤水中自然晾凉。

②竹笋洗净切丝，焯熟后过凉水，沥干水分；香菜洗净切段；青、红椒洗净，切丝。

③卤牛肚切成细条，连同其他食材一起放入大碗中，加入食盐、鸡精、生抽、香醋、白糖。

④锅中放红油，加入干辣椒段炸出香味，趁热浇到肚丝上，淋入香油拌匀即可。

操作要领

牛肚卤好后自然晾凉，可借助卤水的味道令其更加入味。

营养贴士

此菜具有补气养血、补虚益精的功效。

视觉享受：★★★ 味觉享受：★★★★ 操作难度：★★★

笋丝牛肚

TIME 30分钟

菜品特点
香辣酸爽

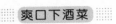

枸杞蒸猪肝

视觉享受：★★★
味觉享受：★★★★
操作难度：★★

TIME 1.5 小时

菜品特点
肉质细嫩
营养丰富

● **主料：** 鲜猪肝 300 克，枸杞 20 克

● **配料：** 料酒 15 克，酱油 10 克，姜片 10 克，白糖 5 克，水淀粉、香油各适量，食盐 3 克，鸡精、葱花各少许

操作步骤

①鲜猪肝放在淡盐水中浸泡 30 分钟，冲洗干净，控干水分，切成片，放进盘子里。

②猪肝中加入料酒、酱油、食盐、鸡精、白糖、一半姜片抓匀，腌渍 30 分钟。

③捞起猪肝放进蒸盘中，加入枸杞，放入蒸锅，旺火蒸 20 分钟后关火。

④取出猪肝，滗出蒸出的原汁，放入炒锅内加剩余姜片烧开，以水淀粉勾芡，淋入香油，再次倒入猪肝中，撒上葱花即可。

操作要领

猪肝放在淡盐水中浸泡 30 分钟，可以促进其毒素的渗出。

营养贴士

肝中维生素 A 的含量大大超过奶、蛋等食品，能防止眼睛干涩、疲劳。

110

视觉享受：★★★　味觉享受：★★★　操作难度：★★

白菜煮牛尾

TIME 50 分钟

菜品特点
牛尾肉烂
白菜清香

主料： 牛尾 300 克，白菜 100 克，粉条 80 克，冻豆腐 50 克

配料： 高汤 500 克，姜片、葱段各 15 克，酱油 10 克，食盐 5 克，鸡精 3 克，植物油适量，香菜少许

操作步骤

①牛尾洗净，用沸水略滚一下，捞出控干，切成小块。

②白菜洗净，切成片；冻豆腐、粉条分别放入清水中浸泡。

③砂锅中放植物油烧热，爆香姜片、葱段，加入高汤、牛尾煲至牛尾熟。

④再加入白菜、粉条、冻豆腐同煮，调入酱油、食盐、鸡精，水开后以中小火继续煮 15 分钟关火，盛出装碗，点缀香菜即可。

操作要领

制作时，也可以放入西芹增添香气，开胃解油腻。

营养贴士

牛尾性味甘、平，具有有补气、养血、强筋骨的功效。

主料： 牛蹄筋 300 克，小白菜 200 克

配料： 鸡汤 700 克，猪油 30 克，料酒 40 克，鸡油 10 克，食盐 5 克，鸡精 2 克，葱段、姜片各适量，胡椒粉少许

操作步骤

①牛蹄筋放入冷水锅煮开后捞出，洗净后再次下入冷水锅，以旺火烧开再转小火焖煮，煮至熟软时捞出，剔去杂质，切成约 5 厘米长的条。

②小白菜摘去边叶，留小苞，洗净，放入沸水中焯至断生。

③炒锅中加入猪油，六成热时下入葱段、姜片煸炒，再下入牛蹄筋、料酒、食盐、鸡汤，烧开后倒入砂锅中，小火煨 30 分钟使蹄筋烂透入味，转大火调入鸡精、胡椒粉收浓汁，加入小白菜苞，淋鸡油即成。

操作要领

制作时要注意火候的把握，以小火煨，以大火收汁。

营养贴士

牛蹄筋有益气补虚、温中暖中的功效。

视觉享受：★★★★　味觉享受：★★★★　操作难度：★★

鸡汁牛蹄筋

TIME 50 分钟

菜品特点
咸鲜味美

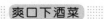

卤猪大肠

TIME 1.5小时

菜品特点
肉质软烂
味道鲜美

视觉享受 ★★★★★
味觉享受 ★★★★★
操作难度 ★★★★

➡ **主料**: 猪大肠 500 克

👉 **配料**: 猪脚卤汁 800 克，面粉 50 克，醋 30 克，生抽 20 克，酱油 15 克，嫩姜片 15 克，蒜片 10 克，大料 2 颗，食盐 5 克，干辣椒适量，香葱段、香油各少许

🔄 操作步骤

①猪大肠以醋、面粉搓洗干净，入滚水中余烫 2 分钟，捞出放入冷水中冲洗干净。

②砂锅中放入大肠及猪脚卤汁、酱油、嫩姜、蒜、大料、食盐、干辣椒，以大火煮开后，转小火慢卤 1 小时即可。

③起锅后切成小段，摆入盘中，加入生抽、适量醋、香油、香葱段调匀，即可食用。

🔊 操作要领

猪大肠用清水很难冲洗干净，必须借助醋、面粉搓洗干净。

👉 营养贴士

猪大肠具有润燥、补虚、止渴止血的功效。

视觉享受：★★★　味觉享受：★★★★　操作难度：★★

剁椒肝腰合炒

TIME 15分钟

菜品特点
香辣可口

● **主料：** 鲜猪肝、鲜猪腰各 200 克

● **配料：** 剁椒 30 克，生抽 15 克，蒜瓣、姜末各 10 克，食盐 5 克，鸡精 3 克，小米椒、植物油各适量，花椒粒少许

操作步骤

①鲜猪肝洗净，切片；鲜猪腰洗净，切成略厚的片，在一面斜剞十字花刀。

②蒜瓣用刀背拍破；小米椒洗净，切段。

③炒锅放植物油，六成热时下入花椒粒炸香，倒入蒜瓣、姜末、剁椒、小米椒翻炒出香味，加入猪肝、猪腰翻炒均匀。

④待猪肝、猪腰变色、熟透，加入生抽、鸡精、食盐调味，即可起锅。

操作要领

猪肝与猪腰合炒是一道汉族传统名菜，属于川菜，制作工艺较为简单。

营养贴士

此菜含有蛋白质、脂肪、碳水化合物、钙、磷、铁和维生素等营养物质。

● **主料：** 金钱肚 300 克

● **配料：** 葱白、红椒各 30 克，剁椒 15 克，红油 10 克，食盐 3 克，辣根泥、生抽、香醋各适量，鸡精少许

操作步骤

①金钱肚洗净后用适量清水煮熟，捞出控干水分，晾凉后切条。

②葱白、红椒洗净，分别切成丝。

③主料与配料全部放入碗中，拌匀即可。

操作要领

如果没有辣根泥也可替换为芥末膏。

营养贴士

辣根的中的辛辣成分主要为黑芥子甙，经水解后产生挥发油，有刺鼻的辛辣味，有利尿、兴奋中枢神经和抗过敏的作用。

视觉享受：★★★　味觉享受：★★★　操作难度：★★

辣根拌金钱肚

TIME 15分钟

菜品特点
味辣爽口
鲜脆味美

萝卜干拌肚丝

视觉享受：★★★
味觉享受：★★★★
操作难度：★★

TIME 40 分钟

菜品特点
香辣爽口
肉质细嫩

➡ **主料：** 猪肚 300 克，青萝卜干 150 克

➡ **配料：** 白卤水 500 克，白糖 8 克，干辣椒丝、干辣椒碎各 5 克，葱花、蒜末各 5 克，食盐 5 克，生抽、香醋、植物油各适量，花椒粉、鸡精、香油各少许

操作步骤

①猪肚放入盆内，加食盐、香醋反复揉搓，使表面黏液脱落，洗净，入沸水锅中汆烫 1 分钟，再放入白卤水中煮熟，捞起晾凉，切成丝。

②青萝卜干放入清水中浸泡 30 分钟，令其涨发。

③肚丝与萝卜干放入碗中，加入食盐、鸡精、干辣椒碎、花椒粉、白糖、蒜末、生抽、香醋、香油。

④锅中放植物油烧热，炸香葱花、干辣椒丝，趁热

浇到主料中，拌匀即可。

操作要领

猪肚一定要洗净，以免有异味。

 营养贴士

猪肚味甘，性微温，归脾、胃经，具有补虚损、健脾胃的功效。

114

视觉享受：★★★★　味觉享受：★★★★　操作难度：★★

口蘑猪心煲

TIME 20分钟

菜品特点
味道丰富
营养全面

○ **主料**：猪心 300 克，口蘑 80 克，干木耳 30 克，香芹适量

○ **配料**：清汤 700 克，姜汁、料酒各 30 克，酱油 15 克，食盐 5 克，鸡精适量，水淀粉少许

操作步骤

①口蘑清洗干净，切成块；木耳泡发，洗净后撕成小朵；香芹去叶，洗净后切成小段。
②猪心清洗干净，切成小块，用料酒、姜汁腌渍片刻。
③砂锅中加入清汤，放入猪心煮开，撇去浮沫，放入口蘑、木耳，调入食盐、酱油，煮开后继续以中小火煮 5 分钟。
④待汤汁浓稠，调入鸡精，以水淀粉勾薄芡，撒入香芹段炒匀即可。

操作要领

在制作时也可不放酱油，更加原汁原味。

营养贴士

此菜营养十分丰富，能够加强心肌营养，增强心肌收缩力。

○ **主料**：猪肚 250 克，白萝卜 150 克

○ **配料**：料酒 20 克，葱花、姜片各 10 克，食盐 5 克，药包（内含萝卜子、麦芽、神曲、陈皮、茯苓各 6 克，苍术、藿香、甘草各 3 克，山楂 9 克）1 个

操作步骤

①猪肚洗净，切成长 3 厘米、宽 2 厘米的薄片。
②白萝卜洗净，切成薄片。
③猪肚、药包、姜片、料酒、食盐一起放入砂锅内，加水 800 克，以旺火烧沸，再用中小火炖煮 20 分钟。
④放入白萝卜片，继续炖煮至萝卜熟，关火盛入碗中，撒上葱花即可。

操作要领

如果不好找到药包中的中药，也可以不放，同样很营养。

营养贴士

此菜可以消食去滞，以及治疗食用冷瓜果引起的腹痛等症。

视觉享受：★★★　味觉享受：★★★　操作难度：★★

萝卜炖猪肚

TIME 30分钟

菜品特点
原汁原味
味道清香

蒜泥血肠

视觉享受 ★★★
味觉享受 ★★★★
操作难度 ★

TIME 15分钟

菜品特点
蒜香浓郁
血肠细腻

主料： 血肠 300 克

配料： 老汤 500 克，蒜 3 瓣，姜 8 克，生抽、醋各适量，香油、食盐各少许

操作步骤

①蒜先切成小块，再放入碗中捣成泥；姜切末。

②血肠在冷水中浸泡片刻，放入沸水锅中汆烫 30 秒，捞出控水。

③锅中烧开老汤，加入汆过水的血肠煮开，继续煮 3 分钟关火，捞出晾凉，切成片，摆入盘中。

④蒜泥、姜末、生抽、香油、醋、食盐放入小碗内拌匀，食用时当蘸料即可。

操作要领

如果没有老汤，以清汤或者浓汤宝代替也可以。

营养贴士

猪血是理想的补血食品，有解毒清肠、补血美容的功效。但是猪血不适宜与黄豆同吃，否则会引起消化不良。

视觉享受：★★　味觉享受：★★★　操作难度：★★

辣爆羊肚

TIME 20分钟

菜品特点
香辣可口

> **主料：** 羊肚300克，小米椒30克，酸辣椒适量

> **配料：** 香醋20克，白糖15克，葱花10克，食盐5克，鸡精3克，碱1克，植物油适量，湿淀粉、胡椒粉各少许

操作步骤

①羊肚洗净，放入70℃的热水中汆一下，再放碱水中浸泡1小时，连同碱水一起下锅煮透，捞出后洗净。

②洗净的羊肚切成条；小米椒洗净，斜切圈；酸辣椒切条。

③食盐、香醋、白糖、胡椒粉、鸡精、湿淀粉调成酱汁待用。

④锅置旺火上，加入植物油烧热，下入葱花、小米椒、酸辣椒爆炒出香味，再下入羊肚、酱汁一起翻颠至熟即成。

操作要领

羊肚放入70℃的热水中汆，目的是去血水和膻味。

营养贴士

羊肚具有健脾补虚、益气健胃、固表止汗的功效。

> **主料：** 猪肝250克，美人椒50克，黑木耳20克

> **配料：** 剁椒30克，料酒30克，香醋、白糖、食盐、鸡精各适量，蒜末、姜末各少许

操作步骤

①鲜猪肝洗净，切成薄片，放入一半料酒腌渍片刻。

②木耳泡发洗净，撕成小朵，放入沸水中焯熟，沥干水分；美人椒洗净，切成长段。

③用一小碗加入剩余料酒、香醋、白糖、食盐、鸡精调成汁。

④炒锅内放植物油烧热，下姜末、蒜末、剁椒、美人椒炒香，放入肝片炒至变色，加入黑木耳，烹入料汁，翻炒至熟即可出锅。

操作要领

各调料提前调入碗中可避免手忙脚乱。

营养贴士

此菜具有增强人体免疫功能、滋补气血的功效。

视觉享受：★★★　味觉享受：★★★　操作难度：★★

美人椒肝尖

TIME 15分钟

菜品特点
肉质细嫩
椒香美味

香卤猪舌

视觉享受：★★★
味觉享受：★★★★
操作难度：★★

TIME 1.5小时

菜品特点
爵劲十足
图味酱香

● **主料：** 猪舌 500 克

● **配料：** 酱油 20 克，葱段、姜片各 15 克，干红辣椒 3 个，食盐 8 克，白糖 5 克，香料包（大料 2 颗，花椒 8 粒，香叶 2 片，桂皮 1 块）1 个，生抽、葱花各适量

操作步骤

①猪舌洗净，放在开水锅中煮 10 分钟左右，捞出后用刀刮净舌苔，冲洗干净，在中间划 1 刀，便于入味。

②锅内放开水，加入食盐、白糖、葱段、姜片及香料包、干红辣椒、酱油，烧开后加入猪舌，煮 45 分钟，关火焖制 15 分钟，捞出晾凉。

③晾凉的猪舌切片，淋入生抽，撒上葱花即可食用。

操作要领

清洗猪舌时，表面白色的舌苔一定要刮洗干净。

营养贴士

猪舌含有较高的胆固醇，有滋阴润燥的功效。

视觉享受：★★★ 味觉享受：★★★★ 操作难度：★★

牛肚萝卜汤

TIME 130 分钟

菜品特点
爽香美味
入口即化

主料： 牛肚 200 克，白萝卜、胡萝卜各 100 克

配料： 生姜 10 克，陈皮 5 克，食盐 3 克，鸡精 2 克，植物油适量，胡椒粉少许

操作步骤

①白萝卜、胡萝卜洗净，分别切丝；陈皮、生姜洗净，切片；牛肚洗净，切条。

②锅中放入植物油烧热，放入生姜、牛肚，翻炒片刻后盛出。

③牛肚放入砂锅内，再放入白萝卜、胡萝卜、陈皮、胡椒粉，加清水适量，文火焖 2 小时，至牛肚熟烂，汤水将干为度，调入食盐、鸡精即可。

操作要领

在焖的时候要注意火候，以免汤沸扑锅。

营养贴士

牛肚中含有蛋白质、脂肪、钙、磷、铁、硫胺素、核黄素等营养物质。

主料： 鲜猪肝、鲜猪腰各 200 克

配料： 香芹段、青椒片、红椒片各 30 克，生粉 20 克，绍酒 15 克，姜汁 10 克，食盐 5 克，鸡精 3 克，植物油、白醋各适量

操作步骤

①猪肝洗净，切薄片；猪腰一切两半，除去白色臊腺，切片，在一面斜剞十字花刀。

②猪肝、猪腰放在碗内，加入生粉、适量食盐、少许水调匀挂浆，待用。

③白醋、绍酒、食盐、姜汁、鸡精放入小碗内，调成料汁。

④炒锅中加入植物油，烧至六成熟时，下入香芹段、青椒片、红椒片爆香，随即下入猪肝、猪腰，炒匀断生，烹入料汁，继续翻炒至熟即可。

操作要领

猪腰一定要去除白色臊腺，否则会有异味。

营养贴士

此菜具有滋补肝肾、降低血压的功效。

视觉享受：★★★★ 味觉享受：★★★ 操作难度：★★

烹炒肝腰

TIME 15 分钟

菜品特点
口感鲜嫩
肉质鲜美

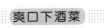

香芋肥肠煲

TIME 90分钟

视觉享受 ★★★
味觉享受 ★★★★
操作难度 ★★

菜品特点
色彩艳丽
口感软糯

主料： 肥肠 250 克，芋头 200 克

配料： 小米椒 5 个，葱白、香芹各 30 克，剁椒 30 克，黄酒 15 克，蚝油 10 克，淀粉、白糖各 5 克，食盐 3 克，胡椒粉 2 克，蒜末、植物油、鸡精各适量

操作步骤

①肥肠从中间剖开，去净油脂，切成条；芋头去皮洗净，切成条；剁椒剁细；小米椒洗净，斜切圈；葱白、香芹洗净，切段。

②炒锅中加入植物油烧热，下入剁椒、小米椒、蒜末、蚝油炒至油汤变色，加入黄酒、开水，再放入肥肠、芋头、白糖、胡椒粉、食盐、鸡精，烧开，勾入淀粉，关火。

③将炒好的菜盛入煲锅内，以文火煲 1 小时，待汤汁浓稠，撒入葱白、香芹段继续煲 2 分钟即可。

操作要领

葱白、香芹要最后下锅，以保持其清香。

营养贴士

此菜含有丰富的蛋白质，氨基酸组成也更接近人体需要。

视觉享受：★★★★ 味觉享受：★★★★ 操作难度：★★

双冬烧肚仁

TIME 25分钟

菜品特点
味道香浓

主料： 熟肚仁 200 克，冬笋 100 克，鲜冬菇 2 朵

配料： 酱油、料酒各 20 克，白糖 10 克，食盐 3 克，鸡精 2 克，葱花、姜末、蒜末、植物油各适量，生粉、葱油各少许

操作步骤

①熟肚仁切成小块；冬笋、香菇洗净，改刀切片。
②炒锅中加入植物油，六成热时下入姜末、蒜末炒香，加入肚仁、冬笋、冬菇，烹入酱油、料酒，加水至与食材平齐，调入食盐、鸡精、白糖，大火烧开。
③烧开后转中火继续焖烧 15 分钟，大火收汁，用生粉勾芡，淋入葱油，撒入葱花即可。

操作要领

此菜可用鲜汤代替清水，做出的味道更鲜美。

营养贴士

猪肚又脆又鲜，不油不腻，并对胃病有一定的治疗功效。

主料： 猪心 300 克，山药 80 克，玉竹 50 克

配料： 姜片、葱段各 15 克，酱油 15 克，花椒 5 克，食盐 3 克，鸡精 2 克，生粉适量

操作步骤

①玉竹洗净，切成条，用水稍润，放入砂锅中加水煎熬，收取汤汁 500 克；山药去皮，洗净，切成片。
②猪心破开，洗净血水，切成片，与汤汁、姜片、葱段、花椒同置锅内，在火上煮 15 分钟，至猪心将熟。
③加入山药略煮，调入酱油、食盐、鸡精，以大火收汁，以生粉勾芡即可。

操作要领

为了充分去除猪心中的血水，可放入淡盐水中浸泡30 分钟。

营养贴士

此菜具有滋养、镇静及强心的作用，并对高血糖有一定的抑制作用。

视觉享受：★★★ 味觉享受：★★★ 操作难度：★★

玉竹烧猪心

TIME 30分钟

菜品特点
营养健康

麻辣 爽脆猪肚

视觉享受：★★★★
味觉享受：★★★★
操作难度：★

TIME 10分钟

菜品特点
麻辣十足
口感劲道

主料： 猪肚 200 克，香芹、绿豆芽各 50 克
配料： 辣椒油 20 克，醋 10 克，葱油 8 克，食盐 3 克，鸡精 2 克，植物油适量，鲜青麻椒少许

操作步骤

①熟猪肚切成长 5 厘米的条。
②香芹择去叶子，洗净切段，绿豆芽择去两头，洗净，分别焯熟，过凉水，沥干水分。
③锅中放适量植物油，下入鲜青麻椒炸香，制成麻油。
④碗中放入食盐、鸡精、葱油、少许麻油、辣椒油、

醋、香芹段、豆芽、猪肚拌匀，入盘即成。

操作要领

市场中有已经制作好的麻油，也可直接使用。

营养贴士

猪肚含有蛋白质、脂肪、碳水化合物、维生素及钙、磷、铁等营养物质，适宜气血虚损、身体瘦弱者食用。

视觉享受：★★★ 味觉享受：★★★ 操作难度：★★

烟笋炒腊猪耳

TIME 50 分钟

菜品特点
腊香浓郁
劲劲十足

主料： 腊猪耳 250 克，烟笋 100 克

配料： 葱段 30 克，植物油 20 克，白糖 10 克，鸡精 3 克，食盐 2 克

操作步骤

①烟笋在清水中浸泡 30 分钟，洗净，破开切成条，放入沸水锅中氽烫 1 分钟。

②腊猪耳在火上烙去残毛，洗净后入沸水锅中煮熟，切成薄片。

③锅置火上，下植物油烧热，放入葱段、腊猪耳炒出香味，下烟笋翻炒片刻，调入食盐、鸡精、白糖，翻炒均匀即可。

操作要领

腊猪耳在火上烙去残毛后用刀刮洗干净，除去黑色物质。

营养贴士

此菜含有蛋白质、脂肪、碳水化合物等营养物质，具有健脾胃的功效。

主料： 熟猪肚 200 克，野山笋 100 克

配料： 绍酒 15 克，酱油、香醋各 10 克，水淀粉 5 克，食盐 3 克，辣椒粉、鸡汤、植物油各适量，青椒、红椒、鸡精各少许

操作步骤

①熟猪肚、去皮洗净的野山笋分别切成 5 厘米长的条；青椒、红椒洗净切丝。

②炒锅旺火烧热，放入植物油烧至七成热，投入青椒丝、红椒丝炒香，下入猪肚、野山笋煸炒。

③加入绍酒、酱油、食盐、鸡汤，烧沸后用水淀粉勾芡，加入辣椒粉、鸡精、香醋，炒熟即可。

操作要领

熟猪肚、野山笋切得要均匀，醋应该最后放入。

营养贴士

笋味甘、淡、微苦、寒，有清热利尿、活血祛风的功效。

视觉享受：★★★ 味觉享受：★★★ 操作难度：★

野山笋烧肚丝

TIME 15 分钟

菜品特点
色泽红润
笋肉清香

花肠炖菠菜

TIME 50 分钟

视觉享受：★★★
味觉享受：★★★
操作难度：★★

菜品特点
口味咸鲜
营养保健

➡ **主料：** 猪花肠 200 克，菠菜 80 克，干木耳 30 克

➡ **配料：** 葱段、姜片、蒜片各 20 克，料酒 10 克，食盐 3 克，鸡精 2 克，植物油适量，胡椒粉、大料、花椒各少许

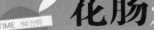 **操作步骤**

①猪花肠去除油脂，洗净切段；菠菜洗净切段；木耳泡发，洗净后撕成小朵。

②锅中加水烧开，放入花肠余烫 30 秒，再放入锅中加入适量水、葱段、姜片、大料、花椒，将花肠煮熟，捞出沥水。

③炒锅入油烧至六成热，下入花肠炸至表面酥脆，捞出控油。

④锅中留底油，下入蒜片、料酒、适量水，倒入花肠炖至汤白，加入食盐、鸡精、胡椒粉、菠菜、木耳炖熟即可。

 **操作要领**

煮花肠时，筷子可以插进花肠中即可盛出。

营养贴士

此菜具有补虚强身、滋阴润燥、丰肌泽肤的功效。

124

視覺享受：★★★ 味覺享受：★★★ 操作难度：★★

椒油**牛百叶**

TIME 20分钟

菜品特点
酸辣美味

- 🔜 **主料：** 牛百叶 250 克
- 📋 **配料：** 香醋、生抽各 15 克，辣椒油 15 克，食盐 5 克，白糖 3 克，葱白、青椒、红椒各适量，胡椒粉少许

🔄 操作步骤

①牛百叶洗净，放入锅中煮熟，捞出后控干水分，切丝；青椒、红椒、葱白切成细丝。

②牛百叶、青椒丝、红椒丝、葱白丝放入碗内，调入辣椒油、食盐、白糖、糊椒粉拌匀，香醋、生抽放入小蝶内，食用时蘸用即可。

🔪 操作要领

煮牛百叶时，要在沸腾之前烹入料酒，否则百叶越煮越老。

👉 营养贴士

牛百叶含钙、磷、铁、硫胺素、核黄素等，具有补益脾胃、补气养血的功效。

- 🔜 **主料：** 牛蹄筋 300 克，蒜子 50 克，洋葱、青椒、红椒各 30 克
- 📋 **配料：** 高汤 400 克，料酒 15 克，酱油 10 克，白糖、食盐各 5 克，鸡精 3 克，葱段、姜片、植物油各适量，葱油、胡椒粉各少许

🔄 操作步骤

①牛蹄筋洗净，入高压锅内加葱段、姜片、料酒、清水压 10 分钟，取出洗净，控水。

②洋葱、青椒、红椒洗净，全部切成片；蒜子对半切开。

③锅内放植物油，七成热时放入蒜子、洋葱煸香，放入牛蹄筋翻炒几下，加入高汤、白糖、酱油、胡椒粉、食盐，盖上锅盖，小火焖煮至入味。

④待汤汁快收干时，放入鸡精、青椒、红椒，淋上葱油即可。

🔪 操作要领

蒜子一定要煸炒出香味，否则发挥不出蒜子的提味作用。

👉 营养贴士

牛蹄筋具有强筋壮骨的功效，对腰膝酸软、身体瘦弱者有很好的食疗作用。

視覺享受：★★★ 味覺享受：★★★ 操作难度：★★

蒜子**牛蹄筋**

TIME 30分钟

菜品特点
蒜香浓郁
牛筋软糯

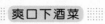

芥末百叶

TIME 20分钟

视觉享受 ★★★
味觉享受 ★★★★
操作难度 ★★

菜品特点
肉质爽脆
辛辣芳香

➡ **主料：** 百叶 300 克，西芹 50 克

👉 **配料：** 食盐、白糖各 10 克，白醋、芥末膏各适量，香油少许

🍳 操作步骤

①百叶用食盐反复搓洗，洗净后切片。

②西芹只取梗，洗净斜切段，焯熟，投凉，沥干水分。

③锅中烧开水，水沸后下入百叶汆熟，捞出放入凉开水中浸泡 15 分钟，再控干水分。

④百叶处理好放入盘中，在一侧以西芹摆盘，以配料调成酱汁，淋在百叶上，拌匀即可。

🔷 操作要领 ◀◀◀

百叶汆水后，放入凉开水中浸泡一会儿，能够让百叶更加爽脆。

☞ 营养贴士

牛百叶清热而不伤胃，润燥而不滞脾，是老少兼宜的营养食品。

爽口下酒菜

★ ★ ★ ★ ★

水产类

★ ★ ★ ★ ★

双耳海参

TiME 15分钟

菜品特点
味美肉鲜

视觉享受：★★★
味觉享受：★★★★
操作难度：★★

● **主料：** 海参 200 克，干木耳、银耳各 30 克
● **配料：** 香醋、酱油各 10 克，食盐 5 克，鸡精 3 克，葱段、姜片、植物油各适量

操作步骤

①海参处理干净，用清水多洗几遍，用高压锅煮 2 分钟，捞出泡在清水中；木耳、银耳泡发，洗净后撕成小朵。

②炒锅中置油烧热，爆香葱段、姜片，将海参、木耳、银耳一起下锅翻炒 3 分钟，调入香醋、酱油、食盐，翻炒至主料熟后调入鸡精，即可出锅。

操作要领

处理海参时，从海参头部或尾部小孔处剪开，取出肠子和泥沙即可。

营养贴士

此菜对身体虚弱以及病后需要调养的人来说是极好的食物。

视觉享受：★★★　味觉享受：★★★★　操作难度：★★

荷兰豆响螺片

TIME 15分钟

菜品特点
肉肥味美
鲜嫩可口

主料：响螺片 150 克，荷兰豆 100 克

配料：银耳 30 克，胡萝卜片 15 克，食盐、鸡精各 3 克，植物油适量

操作步骤

①响螺片用清水浸泡 2 小时至变软，洗净；银耳泡发，洗净后撕成小朵；荷兰豆择好洗净，斜切成段。
②炒锅中置油，将响螺片、荷兰豆下锅翻炒至断生，再将银耳、胡萝卜下锅，加食盐、鸡精一起翻炒至熟即可。

操作要领

响螺片本身带有咸味，且肉质鲜嫩，因此可以少放调料。

营养贴士

此菜有开胃消滞、滋补养颜的功效。

主料：净鳜鱼肉 200 克，胡萝卜、莴笋各 50 克

配料：鸡蛋 1 个，料酒、高汤各 30 克，姜丝、葱丝各 10 克，食盐 5 克，鸡精、胡椒粉各 3 克，植物油、淀粉各适量

操作步骤

①鳜鱼肉洗净，去皮，切成丝，用适量食盐、一半料酒、胡椒粉腌渍 30 分钟。
②胡萝卜、青笋分别去皮，切成丝。
③鸡蛋取蛋清，与淀粉调成糊，将鱼丝抓匀；用小碗盛剩余食盐、适量料酒、鸡精、高汤调成汁。
④炒锅放油烧至三成热，放入鱼丝，用筷子轻轻滑散，倒入漏勺内。
⑤锅留底油，将姜丝、葱丝炒出香味，倒入三丝，烹入调味汁，迅速翻炒均匀，起锅装盘即成。

操作要领

鱼丝滑油时，油温不宜过高。

营养贴士

此菜能够预防肥胖，美容抗衰老。

视觉享受：★★★　味觉享受：★★★★　操作难度：★★

熘双色鱼丝

TIME 45分钟

菜品特点
味道鲜美
鲜嫩有爽

乌江入红海

视觉享受：★★★★
味觉享受：★★★★★
操作难度：★★★

TIME 40 分钟

菜品特点
酸辣可口
酒桌上品

➡ **主料：** 乌鱼 1 条，豆腐 150 克，西红柿 100 克

➡ **配料：** 黄豆芽 50 克，剁椒 45 克，黄酒 30 克，食盐 5 克，鸡精 3 克，葱花、葱段、姜片、植物油各适量，胡椒粉少许

 操作步骤

①乌鱼杀好洗净，剁下头、尾，片成鱼片，剩下的鱼排、鱼头待用；豆腐切块；黄豆芽洗净；西红柿洗净，切块。

②沸水锅中放入鱼头、鱼排、葱段、姜片、黄酒，烧沸后撇去浮沫，改小火煮约 20 分钟，制成鱼汤。

③炒锅中放油烧至六成热，放葱花、剁椒、西红柿小火慢炒约 2 分钟，加入鱼汤、豆腐、鱼片、黄豆芽，

烧约 15 分钟，加入食盐、鸡精、胡椒粉调味即可关火。

操作要领

也可将鱼片用料酒、食盐、姜片腌一段时间，这样更入味。

营养贴士

此菜有温中益气、暖胃、滋润肌肤等功效。

酸辣鱿鱼片

视觉享受：★★★★ 味觉享受：★★★★ 操作难度：★★

TIME 15分钟

菜品特点
酸辣鲜香
味道可口

主料： 鱿鱼片 300 克，酸菜 80 克

配料： 肉馅、酸笋各 50 克，干辣椒段、植物油各适量，蒜末、姜末、葱花各 15 克，料酒、姜汁各 20 克，酱油 10 克，食盐 5 克，鸡精 2 克，香油、清汤各少许

操作步骤

①鱿鱼片洗净，用料酒、姜汁、食盐腌渍片刻，放入沸水中快速氽过，倒入漏勺内沥干水分。

②酸菜用清水漂洗 1 遍，切成小段；酸笋切成小丁。

③炒锅中加入植物油，六成热时下入蒜末、姜末、葱花、干红椒段炒出香味，再加入肉馅、酸笋、酸菜，翻炒均匀。

④加入食盐、鸡精、酱油、清汤、鱿鱼烧入味，出锅前放香油即可。

操作要领

酸菜不要漂洗次数太多，否则将失去原有风味。

营养贴士

鱿鱼富含蛋白质和人体所需的氨基酸。

主料： 鱼肚 200 克，酸菜 150 克

配料： 清汤 80 克，生抽 20 克，姜片、红椒各 15 克，食盐 5 克，鸡精 3 克，植物油适量，水淀粉少许

操作步骤

①鱼肚洗净，过一下沸水，至断生后捞出。

②酸菜过一遍清水，切成段；红椒洗净，切段。

③炒锅中置油烧热，将姜片、红椒段、鱼肚一同下锅翻炒 1 分钟，加食盐、生抽、清汤炒匀，下酸菜煸炒至熟，撒上鸡精，用水淀粉勾芡即成。

操作要领

加清汤一定要适量，不然就变成煮鱼肚了。

营养贴士

此菜能诱导肝细胞脱毒酶的活性，可以阻断亚硝胺致癌物质的合成，从而预防癌症的发生。

酸菜烧鱼肚

视觉享受：★★★ 味觉享受：★★★ 操作难度：★★

TIME 15分钟

菜品特点
酸菜美味
鲜香可口

天妇罗炸虾

视觉享受：★★★★
味觉享受：★★★★★
操作难易：★★★

TIME 30 分钟

菜品特点
肉质松软
易于消化

● **主料：** 鲜虾 300 克
● **配料：** 低筋面粉 100 克，蛋黄 1 个，姜汁 15 克，食盐 3 克，番茄酱、植物油、淀粉各适量

操作步骤

①鲜虾去掉外壳、虾头，抽去泥肠，保留尾部，用姜汁、食盐腌渍片刻。

②低筋面粉、蛋黄、清水、食盐调匀，制成面衣。

③中火起油锅，等有小气泡冒出时，先把虾在淀粉里裹一下，抖掉多余的淀粉，然后再裹一层面衣，下油锅炸至金黄色，捞出摆盘。

④番茄酱放入小盘中，吃食蘸用即可。

操作要领

炸虾的过程中，中间需要稍微翻动两次。

营养贴士

虾含有丰富的矿物质，对人类的健康极有裨益。

腌菜烧鱼块

视觉享受：★★★★　味觉享受：★★★　操作难度：★★

TIME 25分钟

菜品特点
色泽鲜亮
营养健康

⊃ 主料： 鲶鱼肉 300 克，腌菜 100 克

⊃ 配料： 老抽 15 克，红油 10 克，食盐 5 克，干淀粉、清汤、植物油、红辣椒各适量，香油、葱花各少许

🍳 操作步骤

①鲶鱼肉洗净切成块，均匀地裹上干淀粉，下入油锅中快速炸至定型，捞出控油。

②腌菜漂洗 2 遍，挤出水分，切成段；红辣椒洗净，切段。

③炒锅中置适量植物油烧热，下红辣椒、腌菜炒出香味，倒入鲶鱼肉翻炒几下，倒入适量清汤、食盐、老抽，调中火烧至汤汁浓稠，浇上红油、香油，撒上葱花拌匀，即可盛出。

🔥 操作要领 ◀◀◀

鲶鱼炸的时间不能太长，否则肉质会变干。

👉 营养贴士

在鱼类中，独特的强精壮骨和益寿作用是鲶鱼独具的亮点。

⊃ 主料： 虾仁、里脊肉各 200 克

⊃ 配料： 黄瓜 50 克，花椒、干辣椒段、葱花各 10 克，料酒、生抽各 15 克，食盐 5 克，鸡精 3 克，生粉、植物油各适量

🍳 操作步骤 ◀

①里脊肉洗净，擦干表面水分，切小粒，加料酒、生粉腌 15 分钟；黄瓜洗净，切成大小相当的丁；虾仁洗净。

②炒锅放油烧热，加腌好的肉滑炒变色后盛出。

③锅留底油烧五成热，加花椒、干辣椒段、葱花炒香，加入肉粒、虾仁翻炒几下，再加入食盐、生抽炒匀，出锅之前加黄瓜、鸡精，略翻炒即可。

🔥 操作要领 ◀◀◀

黄瓜易熟，出锅之前放更能保持其清香。

👉 营养贴士

虾含有丰富的蛋白质，营养价值很高，其肉质和鱼一样松软，易消化。

虾仁花椒肉

视觉享受：★★★★　味觉享受：★★★★　操作难度：★★

TIME 25分钟

菜品特点
营养丰富
肉质鲜嫩

黄焖甲鱼

TIME 数小时

菜品特点
美味名汁
补虚养身

观赏享受：★★★
味觉享受：★★★★
操作难度：★★★

主料： 甲鱼1只

配料： 苹果1个，黄酒50克，酱油、葱油各30克，食盐5克，鸡精3克，姜片、蒜瓣、酸辣椒、小米椒、香油各适量

操作步骤

①甲鱼宰杀好，洗净，切成3厘米见方的块，在开水锅里浸一下，去净血沫，用清水冲洗干净。

②甲鱼肉放入砂锅内，加入食盐、一半姜片、适量水用旺火烧沸，改用小火煨熟。

③苹果去皮，洗净切块；酸辣椒、小米椒切段。

④炒锅中放葱油，烧热后下入剩余姜片炒香，放入原汤（煨煮甲鱼的汤）、酱油、黄酒、鸡精、食盐调匀，再放入甲鱼、酸辣椒、小米椒、苹果、蒜瓣，

用中火焖烧10分钟，汤烧浓后，淋上香油出锅即成。

操作要领

在烹制甲鱼前，必须用开水烫过，以除去其体内的氨味。

营养贴士

甲鱼有较好的净血作用，常食者可降低血胆固醇。

视觉享受：★★★ 味觉享受：★★★★ 操作难度：★★

锅巴虾仁

TIME 25分钟

菜品特点
香甜可口
营养丰富

主料： 虾仁200克，锅巴100克

配料： 青豆50克，番茄酱40克，料酒15克，白糖10克，食盐5克，鸡精3克，葱花、蒜末、姜末、植物油各适量，水淀粉少许

操作步骤

①虾仁背部划刀，去泥肠洗净，以料酒、少许食盐抓匀，腌约15分钟。
②锅巴用手掰小，摆在盘底。
③锅中倒入适量植物油，待油五成热时下入虾仁滑散，捞起沥油。
④锅中留少许底油，爆香葱花、姜末，加入剩余配料、少许清水煮至沸腾，以上水淀粉勾芡。
⑤加入虾仁拌炒均匀，倒在锅巴上即可。

操作要领

虾仁的泥肠要去除干净。

营养贴士

此菜对心脏活动具有重要的调节作用。

主料： 净鳝鱼肉300克，青椒、红椒各80克

配料： 生抽20克，料酒15克，食盐5克，鸡精3克，植物油、玉米粉各适量，胡椒粉少许

操作步骤

①鳝鱼肉切成5厘米长的细丝，用食盐、料酒、玉米粉浆上；青椒、红椒去蒂、籽，洗净后切成细丝。
②炒锅上火放植物油，烧至六成热时下青椒、红椒丝炒香，放入鳝鱼丝炒匀，放生抽、胡椒粉、食盐、鸡精炒熟即可出锅。

操作要领

鳝鱼用玉米粉浆上，能保持其鲜嫩口感。

营养贴士

鳝鱼所含的特种物质"鳝鱼素"，有清热解毒、凉血止痛、祛风消肿等功效。

视觉享受：★★★ 味觉享受：★★★★ 操作难度：★★

青椒炒鳝丝

TIME 15分钟

菜品特点
营养均衡
美味可口

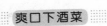

鱼香瓦块鱼

视觉享受：★★★★
味觉享受：★★★★
操作难度：★★★

TIME 20分钟

菜品特点
营养丰富
香鲜鲜美

▶ **主料：** 青鱼 500 克

▶ **配料：** 湿淀粉 30 克，料酒 20 克，酱油 15 克，豆瓣酱、白糖、米醋各 10 克，食盐、鸡精各 3 克，葱花、姜末、蒜末、植物油各适量

🥢 操作步骤

①青鱼收拾干净，沿背骨片取 2 片鱼肉，切成 3 厘米长的鱼块，用少许食盐、一半料酒腌渍片刻，再用湿淀粉拌匀。

②用白糖、米醋、剩余料酒、酱油、食盐、鸡精调成鱼香汁。

③锅中加植物油烧热，将鱼块依次下入锅中，待炸至表皮呈浅黄酥脆，捞出控油。

④锅中留底油，烧热后将豆瓣酱、姜末、蒜末下入

锅中煸炒出香味，烹入鱼香汁、少许水煮开，浇在鱼上，撒些葱花拌匀即可。

🥄 操作要领

炸鱼块时，油温只要六成热即可，不可过高。

☞ 营养贴士

青鱼含丰富的硒、碘等微量元素，有抗衰老、抗癌作用。

136

视觉享受：★★★ 味觉享受：★★★★ 操作难度：★★★

香菇鱼块

TIME 1小时

菜品特点
鱼块酥香
香菇滑嫩

> **主料：** 净鱼肉 300 克，干香菇 30 克
>
> **配料：** 鸡蛋液 50 克，玉米淀粉 100 克，姜片 15 克，葱段 10 克，蒜末 8 克，酱油 15 克，料酒 8 克，食盐 5 克，鸡精 3 克，植物油、高汤各适量，湿淀粉、胡椒粉各少许

操作步骤

①香菇用温水泡涨，去根，洗净，装碗加姜片、葱段、适量高汤上笼蒸 30 分钟。

②净鱼肉切成 3 厘米见方的厚片，用料酒、一半食盐、胡椒粉腌 30 分钟，分别裹上以鸡蛋液、玉米淀粉、适量水调成的糊。

③锅内加植物油烧至六成热，将鱼块放入，炸熟，捞出控油。

④锅中留底油，下蒜末炒出香味，加适量高汤、香菇、酱油、剩余食盐，慢火烧透入味。

⑤将香菇挑出，和鱼块摆好盘，锅内放鸡精，下湿淀粉勾芡，淋在鱼块上即可。

操作要领

香菇要洗净泥沙，并且一定要蒸软。

营养贴士

北菜具有延缓衰老、补气等食疗调理功效。

> **主料：** 鲜虾 300 克
>
> **配料：** 低筋面粉 150 克，淀粉 50 克，泡打粉 10 克，香辣酱 30 克，葱段、姜片各 10 克，料酒 8 克，食盐 5 克，植物油适量，鸡精、胡椒粉、白糖、香油各少许

操作步骤

①大虾除头、壳，留虾尾，取出虾线，洗净，加葱段、姜片、食盐、料酒、胡椒粉腌渍片刻。

②低筋面粉、淀粉、泡打粉、少许植物油放入一净碗中，加水调成脆浆糊，虾放入脆浆糊中拖裹均匀。

③炒锅中加入植物油，烧至五成热时，下入虾炸至定型后捞出，待油温升至六成热时，再下锅复炸至香脆且色泽呈淡黄色，捞出控油，装盘。

④锅中留底油烧热，放香辣酱炒香，调以白糖、鸡精，淋入香油，翻炒均匀，淋在炸好的虾上即可。

操作要领

虾分两次炸才能保证其颜色及成熟度。

营养贴士

虾的营养价值极高，能增强人体的免疫力，抗早衰。

视觉享受：★★★★ 味觉享受：★★★★ 操作难度：★★★

香辣脆皮明虾

TIME 15分钟

菜品特点
质鲜微辣
酥嫩回甜

 肉酱煨海参

视觉享受：★★★★
味觉享受：★★★★
操作难度：★★★

TIME 25 分钟

 菜品特点
营养丰富
美味滋补

🔹 **主料：** 海参 300 克，猪肉 50 克

🔹 **配料：** 豆豉酱 20 克，葱花、姜末、蒜末各 10 克，食盐 5 克，鸡精 3 克，水淀粉、植物油各适量

🥄 操作步骤

①海参处理好，洗净，放入沸水中氽烫 1 分钟，捞出控干水分；猪肉切丁。

②锅内放适量植物油，烧热后加入姜末、蒜末煸香，放入肉丁翻炒至颜色焦黄，加入豆豉酱翻炒均匀。

③加入海参，调入鸡精、食盐炒匀，盖盖焖至汤汁浓稠，淋入水淀粉勾芡，出锅前撒上葱花即可。

🔸 操作要领

如果家中有石锅，可在所有料放好后，倒入石锅中煨制。

🍖 营养贴士

此菜有丰富的不饱和脂肪酸，对血液循环有利，是心血管病人的良好食物。

138

视觉享受：★★★ 味觉享受：★★★★ 操作难度：★★

鱿鱼*肉丝*

TIME 15 分钟

菜品特点
色泽清新
味道鲜美

主料： 鱿鱼 150 克，猪肉丝 100 克，柿子椒丝、冬笋丝各 30 克

配料： 植物油 30 克，料酒 15 克，酱油 10 克，食盐 3 克，鸡精 2 克，水淀粉、香油各适量

操作步骤

①鱿鱼切丝，用开水焯好；猪肉丝用适量水淀粉上浆。
②起锅放植物油烧热，下猪肉丝滑散，控油。
③锅留底油，下入鱿鱼丝、猪肉丝翻炒一会儿，加柿子椒丝、冬笋丝、食盐、鸡精、酱油、料酒翻炒至熟，用少许水淀粉勾芡，淋香油出锅即可。

操作要领

猪肉丝用水淀粉上浆，可让肉丝鲜嫩。

营养贴士

鱿鱼含有大量的牛黄酸，可缓解疲劳，恢复视力，改善肝脏功能；其所含多肽和硒有抗病毒、抗射线作用。

主料： 净鱼肉 300 克，酸菜 100 克

配料： 鸡蛋黄 50 克，淀粉 30 克，葱油 20 克，料酒、生抽各 15 克，白糖 10 克，食盐 5 克，鸡精 3 克，葱段、姜丝、植物油各适量

操作步骤

①将鱼肉洗净，切成长 4 厘米、粗 1 厘米的长条；酸菜洗净，挤干水分，切段；鸡蛋黄、淀粉调成蛋黄糊，待用。
②炒锅内放入植物油，中火烧至八成热时，将鱼条沾匀蛋黄糊入油中炸熟，至呈金黄色捞出，控油。
③锅中放葱油，烧热后下入葱段、姜丝爆香，下入酸菜、炸好的鱼条翻炒片刻，加入少许清水以及生抽、料酒、白糖、食盐、鸡精，翻炒均匀，待汤汁收干即可盛出。

操作要领

炸鱼时，注意火候不要过大，以免鱼条焦煳。

营养贴士

此菜有滋阴养胃、补虚润肤的功效。

视觉享受：★★★★ 味觉享受：★★★★★ 操作难度：★★★★

酸菜*鱼条*

TIME 30 分钟

菜品特点
香味浓郁
酸素美味

蛤蜊肉蒸水蛋

视觉享受：★★★★
味觉享受：★★★★
操作难度：★

TIME 20分钟

菜品特点
色鲜味美
营养充足

➡ **主料：** 鸡蛋3个，蛤蜊300克
➡ **配料：** 生抽10克，香油5克，食盐5克，葱花少许

操作步骤

①蛤蜊用盐水浸泡片刻，冲洗干净，放入清水中煮开，然后将蛤蜊捞出取肉，留下清汤备用。
②鸡蛋磕入碗中，加食盐打散，再加入适量煮蛤蜊的清汤，调匀后上入火蒸5分钟。
③蒸熟后端起，在蒸好的蛋上排好煮熟的蛤蜊肉，撒上葱花，淋上生抽、香油即可。

操作要领

加入清汤的分量要比蛋液略多，这样蒸出来的蛋细嫩。

营养贴士

蛤蜊具有高蛋白、高微量元素、高铁、高钙、少脂肪特点，营养丰富、全面，能够增强免疫力，抗疲劳。

视觉享受：★★★★　味觉享受：★★★★　操作难度：★

韭香**海胆汤**

TIME 15分钟

菜品特点
味道鲜美
营养全面

- **主料：** 海胆4个，鸡蛋2个，韭菜30克
- **配料：** 姜汁15克，食盐3克，姜片适量

操作步骤

①用刀把约1/5海胆外壳切开，用小勺慢慢取出海胆肉。

②鸡蛋磕入碗中，加入姜汁打散；韭菜择好洗净，切成小段。

③锅里加1碗水、姜片烧开，放入鸡蛋液，滑散，再加入海胆肉，煮1分钟。

④出锅前撒上韭菜段，加入食盐、胡椒粉调味即可。

操作要领

海胆本身鲜味十足，不要放入过多调料，以免掩盖其鲜味。

营养贴士

海胆具有药用功能，性味咸、平，有制酸止痛、软坚散结、化瘀消肿、清热消炎、健脾强肾、舒筋活血、滋阴补阳等功效。

- **主料：** 带皮青鱼肉1段（重约350克）
- **配料：** 干淀粉80克，猪肉汤75克，水淀粉40克，番茄酱30克，白糖25克，葱末、蒜末各10克，香油10克，香醋8克，食盐5克，植物油适量

操作步骤

①将鱼皮朝下，用刀斜片至鱼皮，每片4刀切断鱼皮，再将每个小鱼块逆向以0.7厘米的间距直割到鱼皮，粘上干淀粉，抖去余粉，成菊花鱼生坯。

②将香醋、白糖、食盐、番茄酱、猪肉汤、水淀粉一起放入碗中，搅和成调味汁。

③锅中放入植物油，烧至七成热时，将菊花鱼生坯抖散，皮朝下放入油锅内，炸至微黄时，捞出装盘。

④锅中留底油，投入葱末、蒜末炒香，倒入调味汁烧开，淋入香油拌匀，浇在菊花鱼上即成。

操作要领

在切菊花鱼生坯时，一定要细致、均匀，否则会影响美观。

营养贴士

青鱼有益气化湿、和中、截疟、养肝明目、养胃的功效。

视觉享受：★★★★　味觉享受：★★★★　操作难度：★★

菊花**青鱼**

TIME 20分钟

菜品特点
酸甜适口
佐酒极佳

软煎鲅鱼

TIME 20分钟

视觉享受：★★★★
味觉享受：★★★★
操作难度：★★★

菜品特点
壳质坚实
味道鲜美

主料： 鲅鱼300克，鸡蛋2个，面粉50克
配料： 植物油40克，黄油15克，食盐5克，鸡精3克，胡椒粉少许

操作步骤

①鲅鱼宰杀干净，去除鱼头，洗净，斜刀切片，用胡椒粉、食盐、鸡精拌匀，腌渍10分钟左右，裹上一层面粉。

②鸡蛋磕入碗内，加剩余的面粉搅匀。

③平底锅置火上，放入植物油烧热，鱼片拖匀鸡蛋糊放锅内，煎至两面呈金黄色，控去余油，再放入黄油，中小火煎熟，盛出装盘即可。

操作要领

用黄油煎鲅鱼时，一定要用中小火，这样才能保证熟透。

营养贴士

中医认为，鲅鱼有补气、平咳的作用，对体弱咳喘有一定疗效。鲅鱼还具有提神和防衰老等食疗功能。

视觉享受：★★★ 味觉享受：★★★ 操作难度：★

芹菜拌海蜇皮

TIME 10分钟

菜品特点
清新爽口
健康美味

主料： 水发海蜇皮 200 克，芹菜 100 克

配料： 香醋 15 克，生抽、葱油各 10 克，食盐 5 克，鸡精 3 克，姜汁适量，麻油少许

操作步骤

①芹菜择去叶子，洗净切成段，放入沸水中余一下，捞出投凉，控干；水发海蜇皮洗净切丝。
②芹菜、海蜇丝放入碗中，淋入以姜汁、香醋、生抽、食盐、葱油、鸡精调成的汁，拌匀，淋上麻油即可。

操作要领

先用冷水将海蜇皮浸泡数小时，再把表面的盐矾冲洗净即可。

营养贴士

此菜具有清热解毒、降血压、降血脂的功效，高血压、高血脂、疮疖肿毒等人群可适当食用。

主料： 鳕鱼肉 300 克，冬笋、红彩椒各 50 克，鲜香菇 1 朵

配料： 料酒 15 克，辣椒油 10 克，姜、大葱各 10 克，食盐 5 克，鸡精 3 克，麻油适量，白糖少许

操作步骤

①鳕鱼肉洗净，切条；姜、大葱均切细丝；红彩椒、冬笋、香菇洗净，切丝。
②锅内放麻油烧热，放姜丝、葱丝炒出香味，加入冬笋丝、香菇丝、红彩椒丝、鳕鱼条煸炒，烹入料酒，加入白糖、食盐、鸡精、清水烧沸，用小火焖烧。
③等鱼条熟后改用旺火收汁，淋上辣椒油即可。

操作要领

在炒制时尽量减少翻动次数，以免鱼条松散。

营养贴士

鳕鱼具有高营养、低胆固醇、易于被人体吸收等优点。

视觉享受：★★★★ 味觉享受：★★★★★ 操作难度：★★★★

珊瑚鱼条

TIME 20分钟

菜品特点
色泽红亮
外滑呈嫩

口味**小龙虾**

视觉享受：★★★★
味觉享受：★★★★
操作难度：★★★

TIME 20分钟

菜品特点
味道鲜美
营养丰富

主料： 小龙虾 500 克

配料： 清汤 200 克，蒜瓣 50 克，姜、大葱各 20 克，麻油、食盐各 5 克，鸡精 3 克，干辣椒段、植物油各适量，香葱花、胡椒粉各少许

操作步骤

①小龙虾洗净，去掉头盖骨；蒜瓣拍松；姜切片；大葱切段。

②锅中放植物油烧至六成热时，放入小龙虾炸一下，捞出控油。

③锅内留适量底油，下入姜片、蒜瓣、干辣椒段炒出香味，下入小龙虾翻炒 1 分钟，再注入清汤，以中火煮 10 分钟后，调入食盐、鸡精、葱段煮透，

撒上香葱花、胡椒粉，淋入麻油，炒匀即可。

操作要领

小龙虾的腹部不易洗净，可用牙刷刷洗。

营养贴士

小龙虾肉内锌、碘、硒等微量元素的含量要高于其他食品，同时，它的肌纤维细嫩，易于消化吸收。

144

视觉享受：★★★★ 味觉享受：★★★★ 操作难度：★★★★

茼蒿炖带鱼

TIME 20分钟

菜品特点
汤汁味浓
鱼肉鲜美

- **主料：** 带鱼 200 克，茼蒿 100 克
- **配料：** 骨汤 400 克，植物油 20 克，食盐 5 克，葱花、姜丝各适量，胡椒粉少许

操作步骤

①带鱼去内脏洗净，切成段；茼蒿洗净切段，用开水焯一下。
②锅内注油烧热，下入带鱼煎至两面发黄，加葱花、姜丝、骨汤，炖至汤汁呈奶白色。
③放入茼蒿，加食盐、胡椒粉调味，去浮沫，略炖片刻出锅即可。

操作要领

制作此菜最好不要鱼头，以免腥味过重。

营养贴士

带鱼是一种无鳞鱼，覆盖鱼身的是一层油脂，其中含有抗癌成分。

- **主料：** 泥鳅 300 克，红薯 200 克，大米粉 150 克
- **配料：** 醪糟汁 30 克，豆瓣酱 25 克，料酒 15 克，姜末、蒜末各 10 克，食盐、红糖各 5 克，鸡精 3 克，植物油适量，香菜少许

操作步骤

①红薯洗净去皮，切成长 6 厘米、粗 1.5 厘米的条；豆瓣酱剁细；香菜去根、叶，洗净切成段。
②泥鳅去头，剪开身体去除内脏，洗净入盘，加大米粉、姜末、蒜末、食盐、鸡精、豆瓣酱、红糖、醪糟汁、料酒拌匀。
③将拌好的泥鳅放入蒸碗内，上面摆好红薯，上笼蒸至红薯软、泥鳅熟透，出笼翻扣于盘中，浇上滚油，撒上香菜即成。

操作要领

蒸制时中途不能散火，要大火一次蒸熟，以免肉质不够软。

营养贴士

泥鳅有暖中益气的功效。

视觉享受：★★★★ 味觉享受：★★★★ 操作难度：★★★

粉蒸泥鳅

TIME 20分钟

菜品特点
肉质鲜美
营养健康

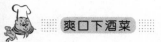

干烧鲤鱼

TIME 30分钟

视觉享受：★★★★
味觉享受：★★★★
操作难度：★★

菜品特点
色泽鲜亮
美味佳肴

➡ **主料：** 鲤鱼1条

🔄 **配料：** 剁椒30克，香醋20克，酱油、料酒各15克，花椒10粒，白糖10克，葱花、蒜片、姜片各15克，食盐5克，鸡精3克，植物油适量，胡椒粉少许

🥄 操作步骤

①鲤鱼宰杀，处理干净去除头、尾，在两面各划数刀，以胡椒粉、料酒、少许食盐腌入味；剁椒剁碎。

②锅烧热放入油，待五成热时将鲤鱼放入，煎至两面金黄，捞出控油。

③锅中留底油，油热后放入姜片、蒜片、花椒、剁椒，煸炒出红油和香味，放入煎好的鲤鱼，烹入香醋、酱油，倒入开水炖制。

④锅开后转小火加入白糖、食盐、鸡精调味，炖

10分钟，翻面再烧10分钟，改大火收汁，盛出摆盘，撒上葱花即可。

🔥 操作要领

炖制过程中，要不断用勺子往鱼身上淋汁以入味。

👉 营养贴士

鲤鱼中含有氨基酸、矿物质、维生素A和维生素D。

五香炸鲫鱼

视觉享受：★★★★ 味觉享受：★★★★ 操作难度：★

TIME 70分钟

菜品特点
肉质细嫩
风味甜美

➡ **主料：** 小鲫鱼 300 克

➡ **配料：** 料酒 30 克，姜末、葱段各 25 克，香醋 20 克，白糖、生抽各 15 克，食盐 5 克，植物油适量，胡椒粉少许

🔄 操作步骤

①小鲫鱼清理干净，置于碗中，加入姜末、葱段、食盐、料酒、香醋、生抽、白糖、胡椒粉拌匀，腌渍 1 小时，穿在竹签上，控干汁液。

②锅中倒入多一些植物油，大火烧至六成热时，转中火，将处理好的小鲫鱼下油锅炸至两面呈焦黄色，关火，控油即可。

🔥 操作要领

注意鱼腹内有鱼籽的一定要将鱼籽取出，否则下油锅炸制的时候会爆锅。

👉 营养贴士

鲫鱼有健脾利湿、活血通络、和中开胃、温中下气的药用价值。

➡ **主料：** 塘虱鱼 300 克，冬笋 50 克

➡ **配料：** 豆瓣酱 35 克，洋葱、青椒、红椒各 25 克，料酒 20 克，葱段、姜丝各 15 克，老抽 10 克，香醋、白糖、食盐各 5 克，鸡精 3 克，植物油适量

🔄 操作步骤

①塘虱鱼去内脏、鳃，洗净，放入热水中拖一拖，取出刮去表面的白色物质，洗净，切成鱼块，加葱段、料酒、适量食盐拌匀，腌渍 15 分钟。

②青椒、红椒、洋葱洗净，斜切段；冬笋去皮，洗净切条；豆瓣酱剁细。

③锅中放入少许植物油，爆香姜丝、洋葱、豆瓣酱，下入鱼块、冬笋翻炒均匀，加入适量清水，大火煮开，再加入白糖、香醋、老抽、鸡精、食盐拌匀。

④中火焖煮 15 分钟，再以大火收汁，待汤汁快收干时加入青、红椒段，翻炒至熟即可。

🔥 操作要领

鱼要新鲜，煮时火候不能太大，以免把鱼肉煮散。

👉 营养贴士

塘虱鱼味甘性温，有补中益阳、利小便、疗水肿等功效。

风味塘虱鱼

视觉享受：★★★★ 味觉享受：★★★★ 操作难度：★★

TIME 45分钟

菜品特点
味道香辣
鲜用甜酸

辣椒泡鱼

视觉享受：★★★★
味觉享受：★★★★
操作难度：★

TIME 40 分钟

菜品特点
开胃下酒
营养滋补

➡ **主料：** 草鱼肉 500 克，黄瓜 100 克，红杭椒 50 克

➡ **配料：** 红枣 25 克，白酒 15 克，姜片、蒜瓣各 20 克，食盐 5 克，冰糖、鸡精各 3
克，大料、小茴、白蔻、枸杞各少许

操作步骤

①取一盛器装入适量冷开水，调入食盐、冰糖、白酒、鸡精，将姜片、蒜瓣、红枣、枸杞、大料、小茴、白蔻一并泡入冷开水中，约 5 小时后即成卤汁。

②草鱼肉洗净，切成片，入沸水锅中氽熟捞出；黄瓜洗净，切条；红杭椒洗净，略拍松。

③将鱼片、红杭椒、黄瓜入卤汁中浸泡约 30 分钟，即可食用。

操作要领

也可选择其他鱼肉制作此道菜。

营养贴士

此菜具有益气健脾、消润胃阴、利尿消肿、清热解毒的功效。

148

视觉享受：★★★★　味觉享受：★★★★　操作难度：★★

鱼头炖豆腐

TIME 30分钟

菜品特点
营养丰富
味美色鲜

➡ **主料：** 鲤鱼头1个，豆腐200克，白萝卜50克，鸡毛菜少许

🥢 **配料：** 清汤500克，黄酒15克，枸杞10克，葱段、姜片、蒜瓣各适量，胡椒粉、食盐各少许

🔄 操作步骤

①鱼头去鳃、鳞，洗净晾干；豆腐用水煮开，切块；白萝卜洗净切薄片；鸡毛菜择好，洗净。

②砂锅加入清汤、枸杞大火煮开，放入鱼头、葱段、姜片、蒜瓣、黄酒、胡椒粉，再次煮滚转中火煮10分钟左右，再转大火煮一会儿，至鱼汤发白。

③再转小火煮10分钟，倒入豆腐、白萝卜、鸡毛菜大火煮滚，加食盐调味，即可出锅。

♨ 操作要领

步骤②中的火候要把握好，否则鱼汤不易发白。

👉 营养贴士

鲤鱼能降低胆固醇，防治动脉硬化、冠心病等。

➡ **主料：** 乌江鱼肉300克，泡辣椒80克

🥢 **配料：** 淀粉50克，米酒15克，料酒、白糖各10克，食盐5克，姜丝、植物油各适量，白胡椒粉、香菜叶、红椒各少许

🔄 操作步骤

①乌江鱼肉洗净切条，用厨房纸巾吸干水分，用料酒、适量食盐、白糖、白胡椒粉抓匀，腌渍15分钟，裹上淀粉。

②泡辣椒切段；红椒洗净切段。

③锅中置油烧热，下入鱼条滑散，盛出控油。

④锅中留少许底油，油热后炒香姜丝，加入鱼条、腌鱼的料汁翻炒均匀，加入米酒、泡辣椒、红椒、少许食盐，翻炒至入味，出锅装盘，点缀香菜叶即可。

♨ 操作要领

乌江鱼肉裹上淀粉，能保证肉质的鲜嫩多汁。

👉 营养贴士

乌江鱼具有滋阴养血、补中益气、开胃等功效。

视觉享受：★★★　味觉享受：★★★　操作难度：★★

酸辣 乌江鱼条

TIME 25分钟

菜品特点
风味独特
鱼肉鲜嫩

海胆蒸蛋

视觉享受：★★★★
味觉享受：★★★★
操作难度：★

TIME 15分钟

菜品特点
营养健脑
味道鲜美

➡ **主料**：海胆2个

👍 **配料**：鸡蛋2个，清汤适量，香菜叶少许

🔄 操作步骤

①鸡蛋磕入碗中，加入等量的清汤，打散。

②将海胆外面的刺剪短，用剪刀撬开黑色带辐射状芒刺的软壳，用勺子挖出黄色的海胆黄放入小碗内，海胆壳内部掏空，洗净。

③海胆壳放入沸水中余烫1分钟，取出控干水分，放入鸡蛋液，上蒸锅蒸5分钟，至蛋液刚凝固，再将海胆摆放在蛋液上，再蒸5分钟，取出点缀香菜叶即可。

♨ 操作要领

海胆黄本身已有咸味，可以不加调料，以保证其鲜味。

👉 营养贴士

此菜能健脑益智，改善记忆力，并促进肝细胞再生。

150

石竹茶炸鱼

视觉享受 ★★★★ 味蕾享受 ★★★★ 操作难度 ★★

TIME 80分钟

菜品特点
外酥里嫩
茶香四溢

主料： 刀鱼 300 克，石竹茶 50 克

配料： 鸡蛋 1 个，生粉 80 克，黄酒 20 克，五香粉、食盐各 5 克，植物油适量

操作步骤

①刀鱼处理干净，切成段，用黄酒、五香粉、适量食盐腌 1 小时；石竹茶用 50 克沸水冲泡开待用。

②鸡蛋磕入碗中打散，加入 20 克石竹茶及茶水、生粉拌匀，将鱼段均匀地裹上面糊；剩余茶叶捞出，控干水分。

③锅中置油烧热，六成热时下入刀鱼，炸至金黄色捞出控油。

④改小火，将剩余石竹茶放在漏勺内，快速过一下油，捞出控油，放入碗内，撒少许食盐拌匀，再放入炸好的鱼即可。

操作要领

炸石竹茶时，注意火候和时间，以免茶叶炸得过火，影响颜色及口感。

营养贴士

此菜具有清热解暑、消渴利尿、养肾气的功效。

主料： 鳕鱼肉 200 克，松茸 150 克，淡奶油 100 克

配料： 黄油 20 克，料酒 15 克，蒜末 10 克，食盐 5 克，清汤适量，葱花、黑胡椒粉各少许

操作步骤

①鳕鱼洗净，切成块，用黑胡椒粉、料酒、适量食盐腌渍 15 分钟；松茸洗净，切成片。

②平底锅中放入黄油，待融化后放入蒜末、鳕鱼肉、松茸煎出香味，加入适量清汤煮开，烩至食材熟透。

③加入淡奶油再次煮开，加食盐调味，转大火煮至汤汁浓稠，关火盛出，撒入葱花即可。

操作要领

这道菜也可换成其他肉厚耐煮的菇类，如杏鲍菇、香菇等。

营养贴士

松茸具有强精补肾、恢复精力、益胃补气、强心补血的功效。

奶油鳕鱼烩松茸

视觉享受 ★★★★ 味蕾享受 ★★★★ 操作难度 ★★

TIME 20分钟

菜品特点
奶香浓郁
松茸鲜嫩

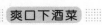

红橘粉蒸牛蛙

TIME 30分钟

视觉享受：★★★★
味觉享受：★★★★
操作难度：★★★

菜品特点
外形美观
风味独特

➡ **主料：** 牛蛙 300 克

➡ **配料：** 橘子 3 个，蒸肉粉 30 克，剁椒 25 克，菜籽油 15 克，姜末 10 克，食盐 3 克，鸡精、胡椒粉各少许，香菜叶少许

🔄 操作步骤

①牛蛙宰杀后洗净，切小块；红橘用刀在 1/3 处雕成齿形后取下盖，掏出橘瓣。

②剁椒剁细，加入蒸肉粉、姜末、食盐、鸡精、胡椒粉、菜籽油调匀，再放入牛蛙拌匀，上笼蒸熟。

③牛蛙蒸熟后舀入红橘壳内，再上笼蒸约 5 分钟，取出装盘，点缀香菜叶即成。

✋ 操作要领

蒸牛蛙时，宜用大火快速蒸熟，以防牛蛙上水散松；牛蛙在橘壳内蒸制时间不宜长，否则橘壳会变形。

👉 营养贴士

橘皮与牛蛙合烹成菜后，营养更加全面、合理、均衡。

视觉享受：★★★　味觉享受：★★★★　操作难度：★

墨鱼大烤

TIME 20分钟

菜品特点
清香爽口
营养美味

● **主料：** 墨鱼（已处理）1条
● **配料：** 清汤500克，南乳汁75克，黄酒30克，白糖20克，食盐15克，鸡精10克，干辣椒、苦菊心各少许

🥄 操作步骤

①墨鱼撕净外膜，清洗干净，用刀一切两半，用沸水汆透，捞出控水。

②锅上火加入清汤，再加入南乳汁、黄酒、食盐、鸡精、白糖、干辣椒调成卤汤，放入墨鱼卤制，煮熟后大火收汁，捞出晾凉，改刀切条装盘，点缀苦菊即可上桌。

🍳 操作要领

墨鱼要尽可能保持干冷，所以在洗净后，最好用纸巾擦干，再放入冰箱冷藏备用，这样做出来的墨鱼会更加爽口。

👉 营养贴士

墨鱼肉性味咸、平，有养血滋阴、益胃通气、去淤止痛的功效。

● **主料：** 鱿鱼、猪肉各150克，香菇、雪梨各50克
● **配料：** 高汤200克，葱花30克，淀粉8克，食盐5克，鸡精3克，植物油适量，白胡椒粉、香油各少许

🥄 操作步骤

①鱿鱼片、猪肉洗净，切小丁；香菇泡发洗净，雪梨洗净，去果核，全部切成小丁。

②锅中置油烧热，加入葱花炒出香味，下入肉末炒至变色，放入剩余主料、高汤，大火煮开，转中火煮2分钟。

③再放入食盐、鸡精调味，以淀粉勾薄芡，待汤汁浓稠加入香油、白胡椒粉，翻炒均匀即可。

🍳 操作要领

雪梨不要去皮，这样更加营养。

👉 营养贴士

雪梨既有营养，又解热症，可止咳生津、清心润喉。

视觉享受：★★★　味觉享受：★★★　操作难度：★★

肉末烩鱿鱼

TIME 15分钟

菜品特点
鲜美爽口
营养健康

TIME 15分钟

视觉享受：★★★★
味觉享受：★★★★
操作难度：★

菜品特点
美味营养
有益健康

芹菜心拌海肠

● **主料**：海肠 200 克，芹菜心 80 克

● **配料**：陈醋 15 克，葱油、白糖各 10 克，酱油 5 克，鸡精、食盐各 3 克，香油少许

操作步骤

①海肠剪掉两头带刺的部分，把内脏和血液洗净，沥干水，切成段；芹菜心洗净，切成段。

②锅中烧开水，分别加入芹菜心、海肠焯水至断生，捞出过凉水，控干水分。

③主料放入碗中，加入所有配料拌匀即可。

操作要领

焯完芹菜心，待水温为 80~90℃时，再下入海肠余15秒钟，马上捞出即可。

营养贴士

海肠营养价值比起海参一点儿都不逊色，甚至被称作"裸体海参"，具有温补肝肾的功效。

酸辣鸭掌鱼泡

视觉享受：★★★★ 味觉享受：★★★★ 操作难度：★★★★

TIME 20分钟

菜品特点
肉质鲜美
口感劲爽

主料： 碱发去骨鸭掌100克，鲜鱼泡150克

配料： 小米椒25克，蒜末、姜末、葱花各10克，料酒、陈醋各15克，酱油10克，蚝油、食盐各5克，鸡精2克，植物油适量，香油少许

操作步骤

①鲜鱼泡洗净，切破，沥干水分，碱发鸭掌入清水中漂尽碱味，全部放入碗中，加入食盐、料酒腌渍入味；小米椒切粒。

②锅置火上，下入植物油，烧至六成热时，下入鸭掌、鱼泡过油断生，倒入漏勺沥干油。

③锅内留底油，下入蒜末、姜末、小米椒粒炒香，倒入鸭掌、鱼泡，加食盐、鸡精、酱油、料酒、蚝油调好味，翻炒均匀，烹入陈醋，淋香油，撒上葱花，盛出摆盘即可。

操作要领

炸鱼泡和鸭掌的时候要注意火候不要太大，时间不要太长。

营养贴士

鱼泡具有补肾益精、补肝熄风、止血、抗癌的功效。

主料： 海葵200克，白菜150克

配料： 高汤400克，葱末、姜末各10克，食盐3克，鸡精2克，植物油、辣椒面各适量，香菜叶少许，

操作步骤

①海葵洗净，切成小块，放入沸水锅中煮熟，捞出控水。

②白菜洗净切段，焯水，捞出控水。

③锅置于旺火上，放入植物油烧热，将葱末和姜末炸出香味，加入高汤、食盐、海葵和白菜。

④水开后先以大火炖3分钟，再转中小火炖制10分钟，撒入鸡精、辣椒面，出锅盛入碗中，点缀香菜叶即可。

操作要领

海葵的烹饪无需复杂的调料，如果调料太过复杂，会掩盖海物本身的鲜味。

营养贴士

海葵营养丰富，炖汤服用味美而滋补，若加人参、西洋参，效果更佳。

海葵炖白菜

视觉享受：★★★ 味觉享受：★★★★ 操作难度：★

TIME 20分钟

菜品特点
操作简单
味道鲜美

酸菜鱼

TIME 30 分钟

菜品特点
下酒佳肴
鱼肉鲜美

主料： 乌鱼 1 条，酸菜 200 克

配料： 红椒 50 克，姜丝、葱段各 20 克，食盐 5 克，高汤、料酒、蛋清、植物油各适量，胡椒粉少许

操作步骤

①乌鱼处理好，切去头和尾，洗净，沿着鱼骨片出2 片鱼肉。

②鱼头切成 2 半，鱼尾、鱼骨切段，全部放入碗中，加适量料酒、蛋清腌渍。

③鱼肉内部朝上，刀呈 45°角斜切成鱼片，用适量蛋清、料酒腌渍。

④酸菜冲洗 1 遍，挤干水分，切成段；红椒洗净，切片。

⑤锅中倒入植物油，爆香姜丝、葱段、红椒，再放入酸菜一同炒出香味，放入高汤、鱼头、鱼尾及鱼

骨，大火煮 10 分钟，再放入胡椒粉、食盐调味。

⑥熬好鱼汤后，捞出鱼骨，倒入鱼片，开小火煮2~3 分钟，见鱼片成白色即可盛出。

操作要领

放入鱼片时要用小火将鱼片煮熟，才能保持形状不散。

营养贴士

乌鱼有祛风治疳、补脾益气、利水消肿的功效。

视觉享受：★★★　味觉享受：★★★★　操作难度：★★

乌贼烧肉

TIME 50 分钟

菜品特点
味道鲜美
营养丰富

➡ **主料：** 乌贼 2 条，肉馅 200 克

➡ **配料：** 高汤 200 克，白糖、老抽各 15 克，食盐 5 克，鸡精 3 克，香菜适量，胡椒粉少许

操作步骤

①乌贼清除内脏，保持鱼筒完整，洗净；香菜洗净，切段。

②肉馅放入碗中，加胡椒粉、白糖、老抽、鸡精、适量食盐拌匀，静置 10 分钟入味。

③把肉馅塞入乌贼肚子中，用牙签封口。

④锅中加入高汤、少许食盐，放入乌贼以中火烧开，再以小火慢慢焖 30 分钟，待汤汁收干，盛入盘中，撒上香菜段即可。

操作要领

注意肉馅不要塞得过多，要保持松散，以免煮熟后胀出。

营养贴士

乌贼味咸、性平，具有滋肾养血、补心通脉的功效。

➡ **主料：** 嫩豆腐 200 克，鱿鱼片 150 克

➡ **配料：** 姜末、葱花各 15 克，韩式辣酱 15 克，蒸鱼豉油 10 克，红油 8 克，食盐 3 克，香醋适量，料酒、姜汁各少许

操作步骤

①嫩豆腐切片，铺在盘底；鱿鱼片洗净，切条，放入料酒、姜汁腌渍 15 分钟。

②鱿鱼摆在嫩豆腐上，蒸锅中水开后，放入锅中蒸制 5 分钟。

③韩式辣酱、蒸鱼豉油、红油、食盐、香醋、姜末放入小碗内，调成酱汁。

④蒸好后取出鱿鱼和豆腐，倒掉汤汁，均匀地淋入酱汁，撒上葱花即可。

操作要领

蒸鱿鱼的时间不要太长，以免失去鲜味。

营养贴士

鱿鱼富含钙、磷、铁元素，利于骨骼发育和造血，能有效治疗贫血。

视觉享受：★★★　味觉享受：★★★★　操作难度：★★

鱿鱼蒸豆腐

TIME 25 分钟

菜品特点
口感鲜嫩

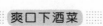

酸辣笔筒鱿鱼

TIME 70分钟

视觉享受：★★★
味觉享受：★★★★
操作难度：★★

菜品特点
味美色鲜

主料： 鱿鱼300克，酸菜150克

配料： 红辣椒、肉末各30克，食盐5克，鸡精3克，红油、植物油、碱水各适量，葱花少许

操作步骤

①鱿鱼处理干净，斜剖十字花刀，放入沸水锅中氽一下，使其成笔筒形，放碱水中浸30分钟，捞出洗净。

②酸菜用清水浸泡30分钟，捞出拧干，切成小段；红辣椒洗净，切成圈。

③锅中置植物油烧热，下肉末、红辣椒圈炒香，再加入鱿鱼、酸菜翻炒至熟，加入食盐、鸡精、红油

均匀，撒些葱花即可出锅。

操作要领

此菜选料都是易熟品，爆炒至熟保留原有的鲜味才是最好的。

营养贴士

此菜有滋阴养胃、补虚润肤的功效。

视觉享受 ★★★　味觉享受 ★★★★　操作难度 ★★

螃蟹炒牛肝菌

TIME 20分钟

菜品特点
色泽红润
味道鲜美

> **主料：** 牛肝菌 250 克，螃蟹 100 克
> **配料：** 高汤 150 克，红油 30 克，辣酱 15 克，酱油 10 克，食盐、白糖各 5 克，蒜片适量，花椒粒、葱花、熟白芝麻各少许

操作步骤

①牛肝菌去蒂，洗净；螃蟹冲洗干净，入沸水中烫透。

②锅内放入红油烧热，炒香花椒粒、辣酱、蒜片，下入螃蟹、牛肝菌炒至上色。

③加入高汤与酱油、食盐、白糖炒至入味，大火收干汤汁，撒入葱花、熟白芝麻即可。

操作要领

也可将牛肝菌替换为虎掌菌，即为蟹味虎掌菌。

营养贴士

牛肝菌含有丰富的蛋白质。中医认为，牛肝菌对贫血、体虚、头晕、耳鸣有一定的治疗功效。

> **主料：** 蛤蜊 500 克
> **配料：** 香菜 15 克，料酒 15 克，葱段、姜片各 10 克，蒜汁 8 克，食盐 3 克，植物油适量

操作步骤

①准备一盆淡盐水，滴入少许油搅拌均匀，将蛤蜊浸泡半天以上吐净泥沙，投洗干净；香菜洗净，切段。

②锅中加植物油，烧热后放入葱段、姜片爆香，倒入蛤蜊翻炒至蛤蜊张口，烹入料酒，加食盐、蒜汁、香菜段继续翻炒一会儿，出锅即成。

操作要领

蛤蜊张口后不可久炒，以免肉质变老。

营养贴士

蛤蜊味咸寒，具有滋阴润燥、利尿消肿、软坚散结的功效。蛤蜊肉还能在一定程度上使体内胆固醇下降。

视觉享受 ★★★　味觉享受 ★★★★　操作难度 ★

姜葱炒蛤蜊

TIME 10分钟

菜品特点
味道鲜美
入口即化

老干妈黄颡鱼

视觉享受：★★★★
味觉享受：★★★★
操作难度：★★

TIME 20分钟

菜品特点
简单易做
营养丰富

➡ **主料：** 黄颡鱼 1 条（约 300 克）

👍 **配料：** 老干妈豆豉酱 30 克、料酒 30 克，黄酒 15 克、白糖 15 克，酱油 10 克，食盐 5 克，姜末、蒜末、葱花、植物油各适量，胡椒粉少许

操作步骤

①黄颡鱼处理干净，拭干水分，用胡椒粉、料酒、适量食盐略腌，用少许油煎至两面金黄。

②锅中放入植物油，烧热后加入姜末、蒜末、老干妈豆豉酱炒出香味，加 300 克水煮开，放入酱油、黄酒、白糖，少许食盐。

③放入煎好的黄颡鱼煮至入味，烧至汤汁浓稠，盛

入盘中，撒些葱花即可。

操作要领

鱼入锅后要减少翻动的次数，以免鱼散架。

营养贴士

此菜含有比较丰富的蛋白质和钙等营养物质。

视觉享受：★★★　味觉享受：★★★★　操作难度：★★

甜椒带鱼

TIME 30 分钟

菜品特点
色泽红亮
口感香酥

主料： 带鱼 400 克，甜椒 50 克

配料： 淀粉 50 克，料酒 20 克，醋、酱油各 15 克，蒜汁、姜汁各 10 克，白糖 10 克，食盐 5 克，植物油适量，鸡精少许

操作步骤

①带鱼洗净，沥干水分，两面分别拍上一层薄薄的淀粉；甜椒洗净，切成片。

②锅内加植物油，烧至六成热时小火逐块放入带鱼，炸至两面金黄捞出沥油。

③锅中留底油，放入带鱼，调入料酒、蒜汁、姜汁、酱油、食盐、白糖，加 300 克水，大火烧开后改中火烧至汤汁浓稠。

④放入甜椒烧熟，加入鸡精和醋，颠炒均匀即可。

操作要领

也可用鸡蛋液代替淀粉，为带鱼上浆。

营养贴士

带鱼中多为不饱和脂肪酸，具有降低胆固醇的作用。

主料： 草鱼 250 克，白萝卜、胡萝卜、生菜、黄瓜各适量

配料： 干淀粉 50 克，姜汁、料酒各 30 克，白醋、生抽各 15 克，橄榄油 10 克，食盐 5 克，鸡精 3 克，植物油适量

操作步骤

①草鱼宰杀洗净，剁下头、尾，沿背骨片出鱼肉，切成小块，放入碗中加入姜汁、料酒、适量食盐腌渍片刻。

②白萝卜、胡萝卜、生菜、黄瓜分别洗净，切成丝，胡萝卜焯熟，过凉水，沥干水分。

③草鱼块放入碗中，裹上干淀粉，下入五成热的油锅中炸熟，捞出沥油，晾凉。

④草鱼肉与蔬菜丝放入碗中，淋入以白醋、生抽、鸡精、少许食盐、橄榄油调成的汁，拌匀即可。

操作要领

草鱼块也可选择煎制，煎出来的鱼不至于流失太多水分。

营养贴士

此菜有降低血压、减缓动脉粥样硬化的功效。

视觉享受：★★★　味觉享受：★★★★　操作难度：★★

草鱼肉拌菜丝

TIME 25 分钟

菜品特点
营养丰富
独有风味

家常黄辣丁

视觉享受：★★★
味觉享受：★★★★
操作难度：★

TIME 20分钟

菜品特点
鱼肉鲜嫩
富含营养

> **主料**：黄辣丁 300 克

> **配料**：高汤 200 克，葱油 20 克，料酒 15 克，食盐 5 克，干辣椒段适量，葱花、姜末、蒜末各少许

操作步骤

①黄辣丁去除腮及内脏，洗净，放入碗中加料酒、适量食盐腌渍片刻。

②锅中置葱油烧热，放姜末、蒜末、干辣椒段炒出香味，放入鱼翻炒 1 分钟，加入高汤炖煮 10 分钟，调入少许食盐，待汤汁浓稠出锅，撒些葱花即可。

操作要领

鱼肉有腥味，最好多放些姜去腥。

营养贴士

黄辣丁性味甘、平，具有益脾胃、利尿消肿的功效。

视频享受: ★★★ 味觉享受: ★★★★ 操作难度: ★★★

川江红锅黄辣丁

TIME 30分钟

菜品特点
色泽红亮
味香浓郁

主料: 黄辣丁 500 克, 酸菜 100 克

配料: 高汤 1000 克, 大蒜 50 克, 小西红柿 5 个, 小米椒 30 克, 葱油、豆瓣酱、剁椒各 20 克, 花椒 10 粒, 冰糖碎 10 克, 食盐 5 克, 植物油、香葱段、芹菜段、老姜各适量

操作步骤

①黄辣丁去除腮及内脏, 洗净; 小西红柿洗净切片; 蒜切两半; 小米椒切段; 酸菜洗净, 挤干水分, 切段。

②锅置火上, 加葱油烧热, 下冰糖碎小火炒至红棕色, 下入豆瓣酱、花椒、老姜大火炒出香味, 再加高汤、食盐中火熬制成汤底, 捞出料渣。

③另起锅放油烧热, 炒香酸菜、黄辣丁、小米椒、剁椒, 加入熬制好的汤底小火焖烧 8 分钟入味, 放入大蒜、小西红柿、香葱段、芹菜段继续煮 5 分钟即可。

操作要领

如果觉得制作汤底麻烦, 可选择超市中现成的汤底调料。

营养贴士

此菜具有清热止血、消肿止痛的功效。

主料: 干鱿鱼 300 克, 里脊肉 100 克

配料: 香芹 50 克, 酱油 15 克, 蒜末、姜末各 10 克, 食盐 5 克, 鸡精 3 克, 纯碱 2 克, 植物油、干辣椒丝各适量, 熟白芝麻少许

操作步骤

①干鱿鱼用冷水浸泡 3 小时后捞出, 放入加有纯碱的清水中再泡 3 小时, 泡发, 取出反复漂洗, 除掉碱味, 沥干水分, 切成丝。

②里脊肉洗净切丝; 香芹洗净, 切段。

③锅中置植物油烧热, 下姜末、干辣椒丝爆出香味, 将干鱿鱼、肉丝、香芹段下锅翻炒, 其间加食盐、酱油、鸡精, 翻炒至熟撒入蒜末、芝麻炒匀即可。

操作要领

纯碱与水的比例大致是 1:5。

营养贴士

此菜对骨骼发育和造血十分有益, 可预防贫血。

视频享受: ★★★★ 味觉享受: ★★★★ 操作难度: ★★

干煸干鱿鱼

TIME 15分钟

菜品特点
翻劲十足
香辣适中

干烧**黄辣丁**

视觉享受：★★★★
味觉享受：★★★★
操作难度：★★

TIME 20分钟

菜品特点
肉质细嫩
味道鲜美

主料： 黄辣丁1条

配料： 葱姜水、豆瓣酱各30克，料酒15克，老抽、白糖各10克，食盐5克，鸡精3克，姜末、蒜末、葱花各适量

操作步骤

①黄辣丁收拾干净，用一半料酒、葱姜水、适量食盐腌好。

②锅中烧油，油温七成热时，将黄辣丁下锅煎至定型。

③锅中再烧油，下入姜末、蒜末、豆瓣酱炒出红油，再放入老抽、少许食盐、白糖、鸡精、剩余料酒、200克水，将黄辣丁放入锅中烧熟，至汤汁收干只

留红油出锅装盘，撒上葱花即可。

操作要领

葱姜水的做法为：葱丝、姜片各10克，清水30克。

营养贴士

黄辣丁富含铜，是人体健康不可缺少的微量营养素。